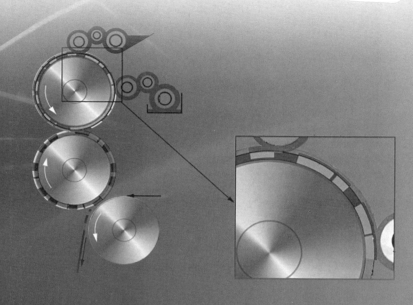

平版印刷技术

孙冰 邓术军 李浩 编著

国防工业出版社

·北京·

内 容 简 介

本书以平版印刷技术为主线,主要论述平版印刷的基本概念、设备材料及工艺技术。核心内容包括印刷技术概述、数字印前处理、印刷材料、平版印刷工艺、印后加工技术、印刷品质量检测与控制等。全书通过简练的文字和大量的插图、表格力图增强本书的科学性、易读性和实用性。

本书可作为测绘导航领域"地图绘制员(平版印刷方向)"职业技能鉴定、地图制图专业军士晋级培训和地图制图专业军士职业技术教育"印刷原理与技术"课程的教材,也可作为平版印刷从业人员的参考书。

图书在版编目(CIP)数据

平版印刷技术 / 孙冰,邓术军,李浩编著. -- 北京：
国防工业出版社,2025. 6. -- ISBN 978 - 7 - 118 - 13642 - 5

Ⅰ. TS82

中国国家版本馆 CIP 数据核字第 2025B6Z632 号

※

*国防工业出版社*出版发行

(北京市海淀区紫竹院南路 23 号　邮政编码 100048)
三河市天利华印刷装订有限公司印刷
新华书店经售

*

开本 710 × 1000　1/16　插页 2　印张 13¼　字数 232 千字
2025 年 6 月第 1 版第 1 次印刷　印数 1—1500 册　定价 69.00 元

(本书如有印装错误,我社负责调换)

国防书店:(010)88540777　　书店传真:(010)88540776
发行业务:(010)88540717　　发行传真:(010)88540762

平版印刷是测绘成图的最后一道工序，是复制纸质地图的重要手段。地图绘制员（平版印刷方向）是指使用图文信息处理软件、制版设备、印刷设备和印后加工设备，进行地图数据合版处理、拼大版、CTP 制版、地图印刷，并完成单张地图裁切、分级和地图集装订成册的工作人员。

本书是根据中央军委联合参谋部战场环境保障局 2021 年制订的"地图绘制员（平版印刷方向）"职业技能标准撰写的。内容包括 6 个章节：第 1 章印刷技术概述，介绍了印刷技术的起源与发展、印刷的概念与基本要素、印刷的分类、印刷工艺过程；第 2 章数字印前处理，介绍了数字印前工作流程、数字印前系统的组成、栅格图像处理、矢量图形处理、文字处理、排版与拼大版、数字印前输出技术；第 3 章印刷材料，介绍了纸张、油墨、橡皮布、胶辊、润版液；第 4 章平版印刷工艺，介绍了印刷色彩与阶调复制、平版印刷的工艺原理、印刷作业；第 5 章印后加工技术，介绍了单张地图分级与包装、地图集装订；第 6 章印刷品质量检测与控制，介绍了印刷品质量评价、印刷质量检测、印刷质量控制、军用地图印刷产品质量评定。

本书主要由孙冰负责策划、组织和定稿工作，李浩负责全书校对工作，各章的编写工作分工如下：邓术军负责第 1 章和第 6 章，孙冰负责第 2 章、第 3 章和第 4 章，李浩负责第 5 章。

本书在编写过程中得到了信息工程大学地理空间信息学院教学科研处领导、测绘工程教研室领导和同事们的大力支持，特别是地图制图与出版课程组老师们的关心和帮助，为本书的撰写提供了很好的意见和建议。此外，还得到了教学实习工厂师傅们的支持和帮助，为本书的撰写提供了场地和设备保障，在此一并表示诚挚的感谢！

由于编写人员的技术视野和学术水平限制，本教材中难免存在不足之处，恳请相关专家学者、技术人员及广大读者批评指正。

编者

2024 年 10 月于郑州

第1章　印刷技术概述 ·· 1

　1.1　印刷技术的起源与发展 ··· 1

　　1.1.1　印刷术的萌芽 ··· 1

　　1.1.2　雕版印刷术的发明与发展 ··································· 2

　　1.1.3　活字印刷术的发明与发展 ··································· 4

　　1.1.4　现代印刷术的产生与演进 ··································· 5

　1.2　印刷的概念与基本要素 ··· 6

　　1.2.1　印刷的概念 ··· 6

　　1.2.2　印刷的基本要素 ··· 7

　1.3　印刷的分类 ·· 10

　　1.3.1　根据印版版面结构形式分类 ································ 10

　　1.3.2　根据印刷品的色彩分类 ···································· 15

　　1.3.3　根据印刷品的用途分类 ···································· 15

　　1.3.4　根据所需印刷产品的份数分类 ······························ 17

　1.4　印刷工艺过程概述 ·· 17

　　1.4.1　传统印刷工艺过程概述 ···································· 17

　　1.4.2　数字印刷工艺过程概述 ···································· 18

　技能训练题 ··· 19

第2章　数字印前处理 ·· 20

　2.1　数字印前工作流程 ·· 20

　　2.1.1　信息输入 ·· 20

　　2.1.2　信息处理 ·· 20

2.1.3 排版 ·· 21

2.1.4 拼大版 ··· 21

2.1.5 输出 ·· 21

2.2 数字印前系统的组成 ······························· 21

2.2.1 数字印前系统的基本结构 ··················· 22

2.2.2 数字印前系统的常用设备 ··················· 25

2.2.3 数字印前系统的常用软件 ··················· 41

2.3 栅格图像处理 ··· 43

2.3.1 图像的概念 ··· 43

2.3.2 图像的基本参数 ···································· 43

2.3.3 图像处理方法 ······································· 45

2.3.4 数字图像的存储格式 ····························· 53

2.4 矢量图形处理 ··· 56

2.4.1 图形的定义 ··· 57

2.4.2 图形的创建 ··· 57

2.4.3 图形处理软件 ······································· 59

2.5 文字处理 ··· 60

2.5.1 文字处理的主要内容 ····························· 60

2.5.2 文字处理的基本原理 ····························· 61

2.6 排版与拼大版 ··· 66

2.6.1 数字排版技术 ······································· 66

2.6.2 数字拼大版技术 ···································· 72

2.7 数字印前输出技术 ··································· 79

2.7.1 数码打样输出 ······································· 79

2.7.2 CTF 输出与 CTP 输出 ··························· 82

技能训练题 ·· 89

第3章 印刷材料 ··· 91

3.1 纸张 ·· 91

3.1.1 纸张的组成 ··· 91

3.1.2 造纸的工艺过程 ···································· 92

3.1.3 纸张的分类 ··· 93

3.1.4 纸张的规格 ··· 93

3.1.5 纸张的主要性能 ·· 95

3.1.6 纸张的印刷适性 ·· 97

3.1.7 纸张的调湿处理 ·· 100

3.1.8 纸张的裁切 ·· 103

3.2 油墨 ··· 103

3.2.1 油墨的组成 ·· 103

3.2.2 油墨的分类 ·· 105

3.2.3 油墨的制造过程 ·· 106

3.2.4 油墨的印刷适性 ·· 107

3.2.5 油墨的干燥形式 ·· 110

3.2.6 胶印油墨的保管 ·· 111

3.3 橡皮布 ·· 111

3.3.1 橡皮布的结构 ··· 112

3.3.2 橡皮布的分类与规格 ·· 113

3.3.3 胶印对橡皮布的基本要求 ··································· 114

3.3.4 橡皮布的基本性能 ·· 115

3.3.5 橡皮布的印刷适性 ·· 118

3.3.6 橡皮布的保管、使用和保养 ································· 119

3.4 胶辊 ··· 121

3.4.1 胶辊的结构 ·· 121

3.4.2 胶辊的分类与规格 ·· 122

3.4.3 胶印对胶辊的基本要求 ····································· 122

3.4.4 胶辊的基本性能 ·· 123

3.4.5 胶辊的印刷适性 ·· 126

3.4.6 胶辊的选择、使用与保养 ···································· 127

3.5 润版液 ·· 129

3.5.1 润版液的作用 ··· 129

3.5.2 润版液的组成和类型 ·· 130

3.5.3 润版液的性质 ··· 132

技能训练题 ··· 136

第4章 平版印刷工艺 ··· 137

4.1 印刷色彩与阶调复制 ··· 137

4.1.1　印刷色彩学基础 ………………………………………… 137

4.1.2　图像阶调复制原理 ……………………………………… 142

4.1.3　颜色的分解与合成 ……………………………………… 151

4.2　平版印刷的工艺原理 ………………………………………… 153

4.2.1　水墨平衡 …………………………………………………… 153

4.2.2　印刷压力 …………………………………………………… 156

4.2.3　印刷色序 …………………………………………………… 160

4.3　印刷作业 ……………………………………………………… 164

4.3.1　印刷作业流程 ……………………………………………… 164

4.3.2　印刷操作 …………………………………………………… 164

技能训练题 …………………………………………………………… 173

第5章　印后加工技术 ……………………………………………… 174

5.1　单张地图分级与包装 ………………………………………… 174

5.1.1　地图分级 …………………………………………………… 174

5.1.2　地图包装 …………………………………………………… 175

5.2　地图集装订 …………………………………………………… 177

5.2.1　折页 ………………………………………………………… 177

5.2.2　配页 ………………………………………………………… 180

5.2.3　订书 ………………………………………………………… 181

5.2.4　包封面 ……………………………………………………… 182

5.2.5　裁切 ………………………………………………………… 183

技能训练题 …………………………………………………………… 183

第6章　印刷品质量检测与控制 …………………………………… 185

6.1　印刷品质量评价 ……………………………………………… 185

6.1.1　影响印刷品质量评价的主要因素 ………………………… 185

6.1.2　印刷品质量的评价方法 …………………………………… 186

6.2　印刷质量检测 ………………………………………………… 188

6.2.1　印刷质量检测的主要内容 ………………………………… 188

6.2.2　印刷质量检测的常用方法 ………………………………… 190

6.3　印刷质量控制 ………………………………………………… 192

6.3.1　基于印刷机墨量的质量控制 ……………………………… 192

6.3.2　基于彩色图像颜色属性的质量控制 ……………………… 192

6.3.3　基于数字化生产流程的质量控制 ·················· 193

6.3.4　基于标准的印刷过程控制················· 193

6.4　军用地图印刷产品质量评定 ·················· 194

6.4.1　军用地图印刷质量检查 ·················· 194

6.4.2　军用地图印刷质量得分计算 ·················· 195

6.4.3　军用地图印刷质量等级评定 ·················· 198

技能训练题················· 198

参考文献 ·················· 199

印刷术是人类历史上最伟大的发明之一,它与指南针、造纸术、火药一起并称为中国古代四大发明。印刷术的发明,极大地方便了信息交流、思想传播和技术推广,对传承人类文明、推动社会进步发挥了巨大作用。关于印刷,伟大革命先行者孙中山先生在 1916 年撰写《实业计划》时指出:据近世文明言,生活之物质原件共有五种,即食、衣、住、行及印刷是也……印刷为近世社会之一需求,人类非此无由进步。

印刷技术因人类传播与交流信息的基本需求而生,伴随社会发展和科技进步而不断演进,在历经了"石雕木刻"、走过了"铅与火"、跨越了"光与电"之后,迎来了"数与网"的时代。当今时代,书籍、报纸、杂志、包装、单据、宣传册、电路板、地图等大量印刷品已成为人们生活不可或缺的必需品,印刷产业已发展为由印刷传媒、包装印刷、印刷制造、数字印刷、印刷设备与器材、绿色印刷等主要板块构成的国家支柱产业之一,与国民的美好生活息息相关。

1.1 印刷技术的起源与发展

1.1.1 印刷术的萌芽

语言作为从猿到人的重要条件,语言的产生使人类在生产、生活实践中的思想交流变为现实。但是,随着生产力的发展,单靠语言交流思想,无论在时间上还是在距离上都远远满足不了社会发展的需要,于是我们的祖先创造了永久性交流思想的工具——文字。西安半坡村原始公社后期(距今 6080—5600 年)遗址中的一组陶片上,不仅绘制了各种图案,而且还有一组表示数的文字。到了殷商时代,表示语言、思想的文字进一步增多,而且人们将其刻在龟甲或兽骨上,从而形成了能系统表达语言思想的甲骨文。在甲骨文的基础上,经过商周、战国时的金文,秦代的小篆,汉代的隶书,魏晋的楷书,逐步演化为我们今天的汉字。

伴随着文字的形成和演进过程,存留文字的物质手段也在不断发展。作为书写文字与绘画的笔墨,在公元前3世纪已较为成熟了。公元2世纪初,东汉的蔡伦改进了造纸术,创造出轻便柔软、韧性良好、制造容易的纸张。笔、墨、纸的发明为印刷的发明奠定了必要的物质基础。

早在笔、墨、纸发明之前,作为信凭之用的印章就发明了。印章俗称"戳子",现称图章。早期的印章一般只刻某人的姓名或官衔,容纳的字少,但据东晋葛洪所著《抱朴子》一书记载,也有容纳120个字的大印,这种大印章在当时足可以复制诗歌或短文了。所以,印章的产生是印刷术发明中"印"的启示。大约在公元4世纪,我国发明了用纸在石碑上捶拓的方法。"拓石"复制的方法最初是从正写阴文取得正写文字,大约到了北魏时期,又出现了从正写阳文取得正写文字的拓石复制方法。在晋代砖瓦上出现了反写反刻的阳文字,使拓石方法进一步扩展到反写阳文字获得正写阳文字。大印章的出现和拓石方法的改进,为雕版印刷术的发明提供了直接的启示和技术上的条件。所以,"印章"和"拓石"的出现是印刷术的萌芽。

1.1.2 雕版印刷术的发明与发展

雕版印刷术是人类历史上出现最早的印刷术,是我国劳动人民的伟大发明。

雕版印刷术也称为整版印刷术,所用版材一般是梨木或枣木,版材要求厚薄适度,表面平滑,尺寸合适。如果刻书,先把正写的文稿誊写到薄而透明的纸上,校对无误后,将文稿朝下贴在版材上,用刀将字刻出来,便成为一块印版。书版经校对后,在凸起的文字表面刷上墨,铺上纸,用毛刷轻轻刷匀,稍干后揭下,文字就转印到纸张上了。

雕版印刷的出现,标志着印刷术的诞生。雕版印刷发明于何时?现在说法不一,大多数人认为在隋末唐初之际。相传唐人冯贽所著《云仙散录》中记有玄奘用回锋纸印普贤菩萨像,施送四众。玄奘在贞观十九年(公元645年)西访印度回国,逝世于公元664年,这说明唐贞观年间佛教徒已经开始利用雕版印刷术了。最能说明唐代印刷术水平的是甘肃敦煌千佛洞发现的印有"咸通九年(公元868年)四月十五日"字样的《金刚经》印本(图1-1),其字体大小一律,笔画印刷墨浓清晰,图画线条细柔光滑。这是世界上现存最早的有明确日期的印刷实物。

到了宋代,雕版印刷术已经相当发达,推广的范围日益扩大,从官方到民间,从京都到边远的城镇都有刻书行业,雕版印刷业空前繁荣。官方刻书的内容除儒家经典外,还涉及地理、医药、农业、天文算法等方面的经典。私刻书的内容范围就更广泛了。宋代雕版印刷术的发展,主要表现在以下几个方面。

图1-1　《金刚经》印本

其一,在楷书的基础上渐渐产生了一种适合于手工刻版的手写体,为以后的印刷字体(宋体)的产生创造了条件。

其二,在印刷、装帧形式上,由卷轴发展到册页。册页装帧的出现使得印刷时每页在格式上统一、对折准确。10世纪后,这种册页装帧的形式就被固定下来。

其三,发明了彩色套印术。彩色套印有两种形式:套版和饾版。套版印刷是将同一版面分成几块同样大小的印版,各用一色,逐次叠印在同一纸张上。北宋初年,在四川流行的朱墨两色交子(中国古时的一种钞票)和以后出现的青、蓝、红三色印刷的钞票是套印技术的开端。现存最早的木刻套印本是1340年中兴路(今湖北江陵)资福寺所刻印的《金刚般若波罗蜜注解》。

其四,出现了雕版印刷的图画——版画。版画的发展首先是宗教画,如《金刚经》的扉画;其次是实用画,如《营造法式》中的工程图和南宋杨甲编的《六经图》中的"十五国风地理之图",再次是艺术画,如南宋刻本《列女传》。

其五,发明了蜡版印刷。蜡版印刷也是雕版印刷的一种,不过所雕刻的基质不同罢了。雕版一般在枣木或梨木上直接雕刻,蜡版则是在木板上涂上蜡,在蜡上快速地刻出字来。蜡版印刷术的特点是雕刻快,所以蜡版印刷术主要用于朝廷发表重要消息、命令时,要求一夜间快速印出的印刷品。如宋绍圣元年,京城开封人为急于传报新科状元名单等不及雕刻木版就用刻蜡代替。宋人何远在《春渚纪闻》记有:"初唱第,而都人急于传报,以蜡版刻印。"

由于宋朝在字体、册页装帧和套印等技术上的改进,使得雕版印刷在宋以后得以广泛流行。17世纪初期浙江关兴的闵齐伋所刻的《春秋左传》和凌蒙初、凌癫初等人 30 多年间共刻印了 100 多种套印书籍,可见十六七世纪我国套版印刷术已经相当流行和成熟。

1.1.3 活字印刷术的发明与发展

北宋初年,书籍的印刷量和印刷品种大为增加,利用雕版印刷书籍,要将全书每个字都刻在版上,其中许多重复出现的字也要一一刻出,雕刻工作量大,刻出的字也不能重复使用,雕版印刷术已很难适应大量、快速印刷的需要。因此,发明新的印刷术已经成为客观的需要。

北宋庆历年间的毕昇(? ～1051 年)发明了胶泥活字印刷术,这是世界上最早的活字印刷,也是中国人民对世界印刷术的一大贡献(图 1 –2)。毕昇活字印刷的原理:预先用胶泥制成一个个的单字,用火烧烤使其坚硬,制好的活字按字韵排在木格里;根据要付印的文稿拣字依次排在铁板上,铁板上已放一层掺和纸灰的松脂蜡,字排好后将铁板在火上加热,待蜡稍熔化,用平板压平字面,铁板冷却后,胶泥活字便固着在铁板上,形成类似雕版的活字版;待印刷完毕后,用火烘烤铁板,使其松动取出活字,放回木格以备后用。毕昇活字印刷中的制活字、排版和印刷,与现今铅字排版、印刷的原理是一致的。与雕版印刷相比,既经济又方便,因而活字印刷术逐渐成为现代印刷的主流。

图 1 –2　毕昇活字印刷

毕昇活字印刷在我国的发展主要表现在两个方面:

其一,活字材料的改进。胶泥刻字、火烧令坚的泥活字,易残损、难持久。元代农学家王祯创造了木刻活字印刷术,提高了印刷质量和速度。他于 1297—1298 年请工匠刻木活字 3 万多个,用不到一个月的时间印了全书共 6 万余字的《旌德县志》600 部。明代无锡人华燧首创了铜活字印刷术,他所刻印的《宋诸臣奏议》(1490 年)和《容斋五笔》(1495 年)是我国现存最早的铜活字本。华燧发明铜活字的时间,略晚于德国谷登堡发明铅合金活字的时间,但谷登堡的发明是在我国活字印刷技术基础上的发明。

其二,排字技术的改进和印刷技术的系统总结。元代王祯在发明木刻活字印刷术的基础上,对排字技术做了改进,发明了转轮排字架,使排字时能以字就人,减轻了排字工的劳动。尤其重要的是王祯将制造木刻活字的方法以及拣字、排字、印刷的全过程进行了系统总结,写成《造活字印书法》一书,成为世界上最早讲述活字印刷术的专门文献。

活字印刷术的发明,对于现代印刷术的产生有着直接的影响。

1.1.4 现代印刷术的产生与演进

我国发明的活字版印刷术,在国外得到了进一步的发展和完善,成为现代印刷术的主流。对中国古代活字版印刷术,有突出改进和重大发展的是德国人谷登堡,他创造的铅合金活字版印刷术被世界各国广泛应用。

谷登堡于1440—1448年间,总结了前人的经验和当时的印刷技术成果,在活字材料、铸字工艺、油墨应用、印刷机制造等方面做出了突出贡献,具体体现在:①在活字材料方面,使用铅、锡、锑合金制作活字,易于成型,制成的活字印刷性能好,这样的配比成分,甚至到今天,也没有太大的改变;②在铸字工艺方面,使用了铸字的字盒和铜字模,使活字的规格容易控制,也便于大量生产;③在油墨应用方面,使用油脂调制了适合金属活字印刷的油墨,大大提高了印刷的质量,油脂性油墨也一直沿用至今;④在印刷机制造方面,设计制成了简单的木制印刷机,把过去的"刷印"方式变为"压印"方式。谷登堡发明的铅合金活字印刷,虽然晚于我国毕昇的泥活字印刷约400年,比王祯的木活字印刷也晚50年,但他发明的铅合金印刷,特别是承印方式的改变,为现代印刷术奠定了基础,为推动人类文化的发展做出了重大贡献。各国学者公认,现代印刷术的创始人是德国的谷登堡(图1-3)。

图1-3 谷登堡及其木制印刷机

谷登堡铅活字印刷机的出现,大大提高了印刷的质量与速度,受到各国普遍欢迎。1465—1487 年谷登堡印刷技术很快由德国传播到意大利、法国、荷兰、英国等欧洲各国。一个世纪以后传到亚洲各国,1589 年传到日本,翌年,传到中国。

谷登堡的铸字、排字、印刷方法,以及他首创的螺旋式手扳印刷机,在世界各国沿用了 400 余年。这一时期,印刷工业的规模都不大,印刷厂多为手工业性质。

1845 年,德国生产了第一台快速印刷机,这以后才开始了印刷技术的机械化过程。

1860 年,美国生产出第一批轮转机,之后德国相继生产了双色快速印刷机、印报纸用的轮转印刷机,1900 年制造了 6 色轮转机。从 1845 年起,大约经过一个世纪,各工业发达国家都相继完成了印刷工业的机械化。

从 20 世纪 50 年代开始,印刷技术不断地采用电子技术、激光技术、信息科学以及高分子化学等新兴科学技术所取得的成果,进入了现代化的发展阶段。20 世纪 70 年代,感光树脂凸版、PS 版的普及,使印刷迈向了多色高速的发展方向。20 世纪 80 年代,电子分色扫描机和整页拼版系统的应用,使彩色图像的复制达到了数据化、规范化,而汉字信息处理和激光照排工艺的不断完善,使文字排版技术发生了根本性的变革。20 世纪 90 年代,彩色桌面出版系统的推出,表明计算机全面进入印刷领域。进入 21 世纪,基于数据与网络的计算机直接制版、数字化工作流程、数字印刷等技术逐步普及,印刷行业正在步入"数与网"的时代。总之,随着近代科学技术的飞跃发展,印刷技术也在迅速改变着面貌。

1.2　印刷的概念与基本要素

1.2.1　印刷的概念

"印刷"是由"印"和"刷"二字组成,顾名思义,早期的印刷是印和刷的结合。印是指印版,即在石板或木板上雕刻的图文模板;刷是指施加压力,即通过刷子施加压力将涂抹在印版上的油墨转印到纸张上,实现印版上图文信息的复制。所以早期印刷的定义为:利用一定的压力使印版上的油墨或其他黏附性色料向承印物转移的技术。

随着科学技术的发展,印刷复制的原稿已经不再局限于实物载体的模拟原稿,出现了各种各样的电子原稿。印刷技术的变革也出现了无需任何印版和压力就能将油墨或其他黏附性色料转移到承印物的新型印刷方式(如静电复印、喷墨印刷等)。为适应时代的发展与技术的变革,印刷的定义也在不断发展变化,1990 年发布的国家标准《印刷技术术语》(GB 9851.1—1990)给出的定义为:"印刷是使用印版或其他方式将原稿上的图文信息转移到承印物上的工艺技术。"而 2008 年发布的国家标准《印刷技术术语》(GB/T 9851.1—2008)进一步将印刷的定义调整为"使用模拟或数字的图像载体将呈色剂/色料(如油墨)转移到承印物上的复制过程。"印刷定义的变化体现了信息时代印刷方式与手段的变化,但其进行信息复制与大众传播的基本属性并未改变。

1.2.2 印刷的基本要素

传统印刷的实施离不开五种要素的支撑:原稿、印版、油墨、承印物和印刷机械。这些要素称为印刷的五大基本要素。

1. 原稿

原稿是完成复制所依据的原始图文信息。印刷必须以原稿为基础,没有原稿,印刷就无复制的依据。原稿的质量与类型,不仅直接影响到印刷品的质量,而且还决定着印刷工艺的选择。原稿的种类很多,不同类型的原稿有不同的特点,不同类型的原稿适合不同的处理方法与印刷工艺,印刷行业常见的原稿分类标准与结果如下。

1)按内容状态分类

按内容状态可以将原稿分为文字原稿、线划原稿、连续调原稿和半色调原稿四种类型。

(1)文字原稿:由黑白或彩色文字构成的原稿,进一步可分为手写原稿、打字或打印原稿、复制原稿等。用于印刷的文字原稿的基本要求有内容准确、字形正确、字迹清楚、反差明显、没有断笔现象、笔画边缘不能有锯齿等。

(2)线划原稿:由黑白或彩色线条组成,没有色调深浅感觉的图文原稿。这一类原稿有手书文字、美术字、图表、钢笔画、木刻画、版画、地图等。线划原稿的色彩、色调深浅变化有明显的界线,制版时要求这类原稿图线清楚、黑白分明,彩色线条原稿则要求图线的色彩有足够的浓度。

(3)连续调原稿:画面上从高光到暗调部分的浓淡层次是连续渐变的原稿。原稿的画面由浓到淡、由明到暗,整个层次是逐渐连续变化的,如水彩画、油画、铅笔画、水粉画、国画、素描等。连续调原稿其画面由亮到暗,其明暗变化是连续变化的,制版时要求这一类原稿层次要丰富、图像的清晰度高、反差适中,彩色原稿色彩鲜艳不偏色。

(4)半色调原稿:由半色调网点构成的印刷品原稿,这类原稿本身已经是之前印刷的产品了,所以通常又称为二次原稿。半色调原稿由明到暗的阶调层次表面看是连续渐变的,实则是不连续的,利用放大镜观察可发现,印刷品上貌似连续变化的色彩实则是由一个个离散的网点表现的。

2)按记录形式分类

按记录形式可以将原稿分为模拟原稿、数字原稿和实物原稿三种类型。

(1)模拟原稿:原稿内容记录在实体介质上的原稿,如传统照片、各种材质的画稿、印刷品(又称二次原稿)等。这类原稿印刷复制时必须借助专业扫描仪扫描或专业数码相机拍摄,转换为数字信息后才能进行后期处理。

(2)数字原稿:原稿内容以数字信息方式存储在光、电、磁等介质上的原稿。数字原稿的获取主要通过数码相机拍摄、资源库提取、网络搜索、计算机软件制作等信息手段获取。这类原稿已经是数字信息了,无需进行模数转换,是当今印刷最为主要的原稿形式。

(3)实物原稿:以实物形态存在的原稿,特指位于三维空间的、有立体感的原稿,如雕塑、瓷器、刺绣和织物等物品。这类原稿一般采用专业数码相机拍摄,或通过三维激光扫描仪进行多点扫描,从而将原始的实物信息转换成数字信息。

3)按色彩类型分类

按色彩类型可以将原稿分为黑白原稿、灰度原稿和彩色原稿三种类型。

(1)黑白原稿:只有黑、白两种颜色的原稿。这类原稿其色彩、色调深浅变化有明显的界线,如文字稿(手写稿、打印稿、印刷稿等)、线划稿(图表、连环画、漫画、工笔画、木刻版画等)。

(2)灰度原稿:在黑色与白色之间有不同深浅变化的原稿,如黑白照片、水墨画等。

(3)彩色原稿:由无数色彩所构成的原稿,如彩色照片、各种彩色画稿、彩色印刷品等。

4)按透明特征分类

按透明特征可以将原稿分为反射原稿和透射原稿两种类型。

(1)反射原稿:以不透明材料为记录载体的原稿,如照片、画稿、打印稿、印刷品等。

(2)透射原稿:以透明材料为记录载体的原稿,如底片、黑白胶片、彩色反转片等。由于这类原稿需要使用传统的相机、胶卷、冲洗工艺来获取,目前已非常少见。

2. 印版

印版是用于传递图文部分油墨至承印物的印刷图文载体。原稿上的图文信息,体现在印版上,印版的表面就被分成着墨的图文部分和非着墨的空白部分。印刷时,图文部分黏附的油墨,在印刷压力的作用下,转移到承印物上。

印版按照图文部分和非图文部分的相对位置、高度差别或传送油墨的方式,分为凸版印版、平版印版、凹版印版和孔版印版等。用于印版的材料有金属和非金属两大类。现在不断发展的数字印刷,可无须印版进行复制,如静电印刷、喷墨印刷等。

3. 油墨

油墨是印刷过程中被转移到承印物上的呈色物质的总称。油墨主要由色料(颜料、染料)、连接料、添加剂、助剂等组成。随着印刷方式、承印物种类和印品用途的不同,印刷油墨的种类越来越多。随着印刷技术的发展,油墨的品种还在不断增加,不造成环境污染,价格低廉的绿色环保油墨和数字印刷油墨将是未来油墨制造业研究的重要课题。

4. 承印物

承印物是能够接受油墨或吸附色料并呈现图文信息的各种物质的总称。随着印刷种类的增多,印刷中使用的承印物种类也包罗万象,主要有纸张类、塑料薄膜类、塑料容器类、木材木板类、木材容器类、纤维织物类、金属类和陶瓷类等。目前用量最大的是纸张和塑料薄膜。

5. 印刷机械

印刷机械是用于生产印刷品的机器和设备的总称。根据印版的类型不同,印刷机一般可分为五类:凸版印刷机、平版印刷机、凹版印刷机、孔版印刷机及数码印刷机。根据结构及辊筒压印方式不同,印刷机大致可分为平压平式印刷机、平压圆式印刷机、圆压圆式印刷机三类。按照一台设备印刷墨色的多少,印刷机可分为单色印刷机、双色印刷机、四色印刷机、五色印刷机和六色印刷机等。根据印刷幅面大小的不同,印刷机大致可分为全张印刷机、对开印刷机、四开印刷机、八开印刷机等。

同时,为了完成整个印刷工艺,还有扫描仪、激光照排机、计算机直接制版机等印前设备,以及模切机、烫金机、覆膜机、折页机、胶装联动线、切纸机等印后设备。

1.3　印刷的分类

随着科学技术的发展,印刷所涉及的领域越来越广,印刷技术日新月异,不同印刷技术的工艺原理、操作方法、应用特点不尽相同。常用的印刷分类方法包括根据印版版面结构形式分类、根据印刷品的色彩分类、根据印刷品的用途分类等。

1.3.1　根据印版版面结构形式分类

根据印版版面上印刷要素与空白要素的相对位置关系,可以将印刷分为凸版印刷、平版印刷、凹版印刷和孔版印刷。

1. 凸版印刷

凸版印刷的印版,其印刷部分高于空白部分,所有的印刷部分(图像区域)都在同一高度上,通过墨辊来涂布相同厚度的墨层,随后将油墨转移到承印材料上(图1-4)。

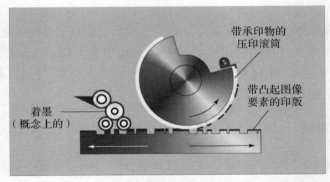

图1-4　凸版印刷(见彩图)

凸版印刷是历史最悠久的一种印刷方法,起源于我国唐代的木刻雕印,宋代毕昇发明了泥活字凸印术,1445年德国人谷登堡发明了铅活字印刷术。1850年发明了照相凸版术,解决了图形图像的印刷复制问题,1951年联邦德国赫尔公司完成了平面扫描型电子雕刻机的设计和制作,从而提高了凸版印刷版制作的质量和速度。

20世纪70年代之前的凸版印刷主要使用铅活字与照相凸版(铜锌版)的配

合排列,组成活版,用于书刊和表格的印刷。它的特点如下:

(1)便于校版和改样。印小批量、小幅面任务时,不仅方便,而且成本低廉,适合于少量活件的印刷。

(2)使用活字凸版可以制成纸型浇铸铅复制版或塑料复制版,从而达到同时在多台凸版印刷机上印刷,而且可以制成弧形版装在高速印刷机上进行印刷。

(3)凸版印刷是一种直接加压印刷的方法,印刷过程中油墨被挤压入纸张表面的细微空隙内,使比较粗糙的纸张亦能印出轮廓清晰、墨色浓厚的效果。因此,凸版印刷能够使用比较低级的纸张。

由于具备上述特点,在20世纪70年代之前,凸版印刷一直在以文字为主的书刊报纸印刷中占有很重要的位置。但是凸版印刷不适合印刷大幅面的产品,尤其是以彩色连续调图像为主的产品。更重要的是铅活字和纸型铅版都使用铅合金制作,在铸造铅字和铅版时,蒸发的铅蒸气会污染环境。凸版印刷的这些缺点,使其处于被其他印刷方式取代的位置。

为了克服以上不足,20世纪70年代之后,使用了人工合成的高分子聚合物感光树脂替代铅活字和铜锌版制作印刷凸版,新的凸版工艺不仅消除了铅污染的危害,而且在成像质量上有所提高。加上这种工艺可以使用原有的凸版印刷设备,所以一度使凸版印刷的生产略微有所回升,但是用于书刊的凸版印刷最终还是被平版印刷(胶印)彻底取代了。

目前市场上使用的凸版印刷主要是柔性版印刷(也称苯胺印刷),是用于包装印刷的凸版印刷技术,常适用于印制塑料袋、标签及瓦楞纸。柔性版使用具有弹性的橡胶或感光树脂制成,非常适合在金属或玻璃等硬性的承印物上印刷。而且,它印刷的膜层厚,色泽鲜艳。柔性版印刷机的油墨流动性好,供墨的墨路短,因而机械结构简单,造价低,印刷效率高,这是平版印刷和凹版印刷无法相比的。20世纪90年代之后,在包装装潢印刷中,柔性版印刷得到更快的发展,已经成为除平版印刷之外的第二大印刷方法。

2. 平版印刷

平版印刷的印版,印刷部分和空白部分无明显的高低之分,几乎在同一平面上,印刷部分亲油,空白部分对油和水没有明显的选择性。印刷时利用油水相斥的原理,先由润版系统向印版供给润版液(主要成分是水),使空白部分吸附水分,形成抗拒油墨浸润的水膜,然后由供墨系统向印版供给油墨,使图文部分附着油墨。再将承印物与印版直接接触加压,使印刷部分上的油墨转印至承印物上,获得印刷品。或者使用专用橡皮布先与印版接触,加压后印刷部分上的油墨转印至橡皮布上,再将橡皮布与承印物接触加压,使橡皮布上的油墨转印至承印物上,获得印刷品。现在的平版印刷基本采用后一种方式,因而平版印刷也称为胶印,是当今市场份额最大的印刷方式(图1-5)。

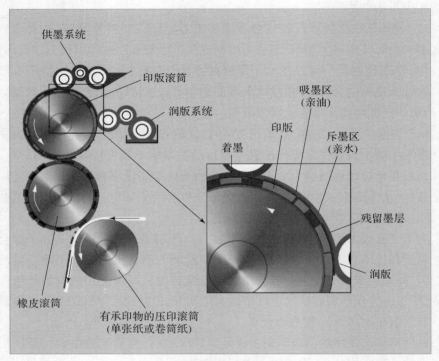

图1-5　平版印刷(胶印)(见彩图)

平版印刷是德国人阿罗斯·塞纳菲尔德(Alois Senefelder)于1798年发明的,他利用天然石灰石作为版材,在其上用脂肪性的转写墨直接描绘成印刷部分,然后用稀硝酸液处理版面,使空白部分亲水性增强。1917年,桑纳费尔德又发明了用薄锌板代替石板作为印版。此时平版印刷一直采用纸张与印版直接接触加压印刷的方式,由于印刷前印版必须先亲水,再刷油墨,所以印刷时纸张受潮容易使印刷品变形。1904年,英国人鲁培尔(Ira W. Rubel)在印刷机上安装了一个橡皮筒,印版上的图文经过橡皮布转印到纸面上,印版与纸张不直接接触,成为一种间接印刷的方法。

平版印刷的特点如下:

(1)制版简单,版材轻而价廉,可以制作大尺寸印版,可用于大幅面地图、海报、招贴画、年画及各种包装材料的印刷。

(2)由于新光源、新感光材料、新型设备的应用,制版质量不断提高,平版印刷已成为复制层次丰富、色调柔和的精美画册的主要印刷方法之一。

(3)平版印刷与激光照排、直接制版等技术结合,拼版容易,制版迅速,不仅可以满足文字为主的书刊报纸印刷的需要,而且可以满足图文并茂的印刷品印刷需要。

如果说 20 世纪 60 年代以前凸版印刷在印刷行业中占主导地位的话,那么 20 世纪 60 年代后随着印刷科技的发展,平版印刷逐步占据了主导地位。平版印刷的主要缺点是平版油墨的墨层厚度有限,故印刷的色调再现性不够强,颜色不够深。

3. 凹版印刷

凹版印刷的印版,印刷部分低于空白部分,所有的空白部分都在一个平面上,而印刷部分的凹陷程度则随图像色调的深浅不同而变化。图像色调越深,印版上对应部位凹陷越深;图像色调越浅,对应部位凹陷越浅。印刷时,先将整个印版浸满油墨,再用刮墨刀刮去空白部分的油墨,使油墨填充在印刷部分的网穴里,然后,通过一个高压印刷压力以及承印物和油墨之间的黏附力,将油墨从网穴转移到承印物上(图1-6)。

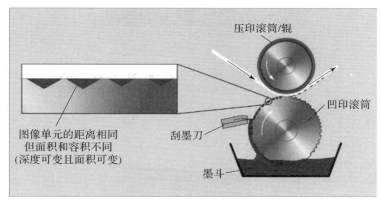

图 1-6　凹版印刷(见彩图)

1430 年雕刻铜凹版印刷问世,后来捷克人卡尔·克利施(Karl Kliesch)于 1878 年发明了照相凹版制版方法,而现在应用最多的是电子雕刻凹版印刷。

凹版印刷适合印制高品质及价值昂贵的印刷品,不论是彩色还是黑白图片,凹版印刷效果都能与摄影照片相媲美。凹版印刷适用于印制有价证券、礼券、商业性信誉凭证等。

凹版印刷的特点如下:

(1)由于印刷部分下凹,其印刷墨层比平版印刷厚实。

(2)由于印版上印刷部分下凹的深浅随原稿色彩浓淡不同而变化,因此凹版印刷是常规印刷中唯一可用油墨层厚薄表示色彩浓淡的印刷方法。用凹版印刷的图像,色彩丰富、色调浓厚,最适合制作精美的高档画册。

(3)由于凹版印刷的油墨可以自由选择溶剂和树脂,可以承印如玻璃纸、塑料等非纸基印刷物,在包装印刷中应用广泛。

凹版印刷的缺点是制版困难、制版周期长、成本较高。但随着电子雕刻制版机的应用与普及,凹版在包装印刷领域中将会发挥更大作用。

4. 孔版印刷

孔版印刷的印版,印刷部分是由大小不同(或者大小相同但单位面积内数量不等)的网眼组成。印刷时油墨涂刷在印版上,承印物放在印版下,通过在版面上刮墨使油墨透过孔洞,转移到承印物上形成印刷品(图1-7)。

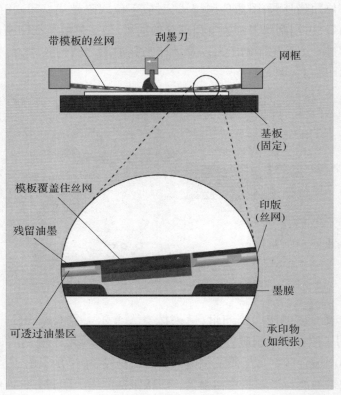

图1-7 孔版印刷(见彩图)

在我国孔版印刷比雕版印刷的历史还要久远,隋代就已经采用这种方法印染宫廷里的服饰。孔版印刷最初是采用挖、剪的制版方法,20世纪40年代后期,基于感光材料的制版方法开始使用,精密图像的孔版印刷成为可能。

由于孔版印刷是通过印版上的网孔把油墨漏印到承印物上,因此它又被称

为丝网印刷,其主要特点如下:

(1)印刷的油墨层较厚(其厚度为平版的5～10倍),印制品上的图文略微凸起,不仅有立体感,而且色彩浓厚。

(2)可以在各种类型的物体上进行印刷,不论是纸张还是塑料、胶片、金属片、玻璃,是软承印物还是硬承印物,是平面还是曲面,是大还是小,均可作为孔版印刷的承印物,因此应用范围十分广泛。

(3)在条件简陋的情况下,不需要更多的设备便可印刷。

孔版印刷的缺点是印版耐印力差,印刷速度慢,复制彩色时的还原性差。因此,孔版印刷一般用于成型物品表面的印刷,如标牌、仪表、电路板等。

1.3.2 根据印刷品的色彩分类

根据印刷品的色彩,可将印刷分为单色印刷和多色印刷。

1. 单色印刷

经过一个印刷过程,承印物上只附着一种墨色的印刷,称为单色印刷,这里的一个印刷过程指的是在印刷机上完成一次输纸和收纸的过程。需要特别注意的是,单色印刷并不是只能印刷黑白印刷品,经过多个印刷过程套印,单色印刷依然可以得到彩色印刷品。

2. 多色印刷

一个印刷过程中,在承印物上印刷两种或两种以上的墨色,叫作多色印刷。一般指利用黄(Y)、品红(M)、青(C)三原色和黑(K)油墨叠印再现原稿颜色的印刷。对于一些专色的印刷品,例如票据、地图等,则需要使用黄、品红、青三原色油墨调配出特定的颜色或由油墨制造厂供给专色油墨进行印刷。军用地形图使用黑、棕、蓝和绿四种专色油墨进行印刷,联合作战图使用黑、棕、蓝、绿、红和紫六种专色油墨进行印刷。

20世纪90年代以来,随着图像信息处理技术的发展,采用黄、品红、青、黑、红(R)、绿(R)、蓝(B)七色油墨印刷的多色印刷品相继问世,印刷工艺日趋完善,彩色图像原稿颜色再现的保真度越来越高。

1.3.3 根据印刷品的用途分类

根据印刷品的用途,可将印刷分为书刊印刷、报纸印刷、广告印刷、钞券印刷、包装装潢印刷、地图印刷和特种印刷等。

1. 书刊印刷

书刊印刷是印刷量及产值最大的一种印刷。20 世纪 70 年代以前,主要采用铅字排版的凸版印刷;20 世纪 70 年代以后,逐渐使用感光树脂版的凸版印刷。20 世纪 90 年代以来,计算机排版技术不断完善,尤其是我国的汉字信息处理技术有了长足的进步,利用计算机排版和平版胶印印刷的书刊越来越多。

2. 报纸印刷

报纸印刷是仅次于书刊印刷发行量的印刷。报纸是传播新闻的重要媒介,具有较强的时效性,对印刷的速度要求较高。20 世纪 70 年代以前,主要使用铅字排版的凸版印刷,劳动强度大、环境污染严重。20 世纪 80 年代以后,大多使用平版印刷,特别是卷筒纸胶印。

3. 广告印刷

广告印刷是市场经济中宣传商品、获取利润的一种手段。印刷的范围较广,有商品样本、海报、画报、彩色图片、招贴画、广告牌等。要求印刷时间短,印刷质量好,一般采用平版印刷。近几年,大幅面的广告牌多采用孔版印刷。

4. 钞券印刷

钞券印刷的成品主要是钞票、票据、股票、债券以及其他有价证券。这类印刷品的印刷,要求有严密的防伪技术,以凹版印刷为主,平版、凸版或其他印刷方法为辅。

5. 包装装潢印刷

包装装潢印刷的成品主要用于商品的包装与装潢,不仅具有装载商品、保护商品、美化商品的作用,而且还起到了宣传商品和推销商品的作用,印刷的产品种类很多,有纸盒、塑料袋、金属盒、商标、软管、包装纸、玻璃、陶瓷、皮革等。所采用的印刷方式涵盖凸版印刷、平版印刷、凹版印刷、孔版印刷等常用印刷方法。

6. 地图印刷

地图印刷的成品有地形图和各类军事专题地图(集)。地图图面要素关系复杂,幅面大小不一,精度要求较高,常使用四色或多色、专色平版印刷。

7. 特种印刷

特种印刷是采用不同于一般制版、印刷、印后加工的方法和材料,供特殊用途的印刷总称,如静电植绒、全息照相印刷、喷墨印刷、磁铁印刷等。许多包装印刷品,是要用特种印刷完成的。随着新材料、新设备的快速发展,特种印刷的产品必将更加丰富多彩。

1.3.4 根据所需印刷产品的份数分类

根据所需的印刷产品份数,将印刷分为长版印刷和短版印刷,或称为大量印刷和少份数复制。在数字印刷技术已经进入市场的今天,长版印刷所需的印刷份数通常为数千份以上,一般都选用有印版的印刷工艺;而较少份数复制可以选择数字印刷(包括静电式数字印刷和喷墨式数字印刷)。

1.4 印刷工艺过程概述

虽然根据不同的原稿、不同的处理方法、不同的制版方法及产品的不同需求等,印刷过程必须选择不同的工艺路径,但是,从原稿处理到获得印刷品,就印刷而言,无论采用哪一种印刷方法,一般都必须经过印前(Pre - press)、印刷(Press)和印后(Post - press)加工三大阶段。

1.4.1 传统印刷工艺过程概述

传统印刷工艺过程通常包括原稿(包括实物载体的原稿和电子原稿)的选择和输入、印前图文信息处理、制版、印刷和印后加工等步骤。印前阶段的阶段性产品是印版;印刷阶段(狭义的印刷概念)指上印刷机印刷的过程;印后阶段指对印刷后的印品加工,使其成为符合人们实际需求的式样和使用性能的产品的生产过程。现将传统的凸、平、凹、孔四种印刷全过程归纳如图1-8所示。

传统的四种印刷方式,图像和文字都需要利用不同的设备分别处理:图像要经过照相机分色照相和加网,或利用电子分色机扫描分色输入和加网,才能获得符合制版条件的图像加网分色底片;文字稿通过照相排字设备获得文字底片;对于图形原稿,既可以利用照相机照相(无须加网)获得图形底片,也可以在透明胶片上设计绘制直接获得图形底片。获得的文字、图形和图像底片经人工手工

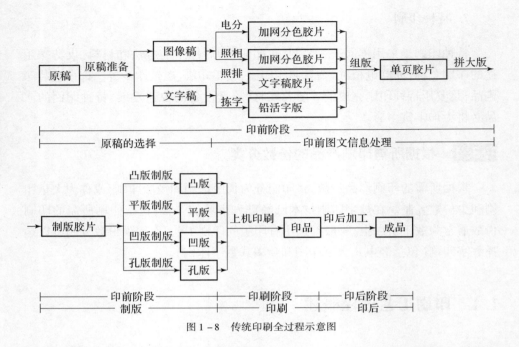

图 1-8 传统印刷全过程示意图

拼版之后,再根据需要采用不同方法利用不同的版材制版印刷。早期铅活字印刷的文字稿通过铅字拣字排版,图像稿则通过照相的方式,在铜锌版材上形成与图像对应的保护层,再对有保护层的铜锌版材腐蚀,之后获得图像的铜锌印刷版,将其与文字版组合成为图文印刷版。

1.4.2 数字印刷工艺过程概述

计算机引入印前设备后,文字和图像可同在一台计算机中处理,其工艺过程如图 1-9 所示,首先将实物载体的图像原稿经扫描仪扫描数字化为数字图像原稿(数字相机拍摄可以直接获得数字图像原稿);文字稿既可以通过人工计算机录入的方式,也可以通过扫描仪扫描输入后,利用专门的软件转换为文字的电子稿;如果是实物载体的图形原稿,可以通过扫描输入后,进行矢量化处理,或设计人员在计算机上直接设计制作获得图形的电子稿;将获得的图像、图形和文字电子稿,通过组版和拼大版的软件处理组合成数字印版文件,并利用照排机输出获得分色制版胶片,用于制版印刷。

印刷技术的进一步发展,不仅可以由数字印版文件直接输出印刷版,而且实现了数字印前系统与印刷机直接接口,这样原稿到印刷就能够一步完成了。

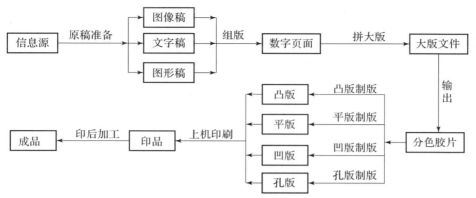

图 1-9 计算机引入印前设备后的印刷全过程示意图

技能训练题

1. 印刷技术的发展分为哪几个阶段？
2. 印刷的五大基本要素是什么？
3. 原稿的分类方法有哪几种？分别如何进行分类？
4. 印刷的分类方法有哪几种？分别如何进行分类？
5. 平版印刷的印版具有什么特点？
6. 传统印刷工艺分为哪几大步骤？每个步骤的作用分别是什么？
7. 计算机应用于印刷之后，印刷工艺过程发生了哪些变化？

印刷过程通常被划分为印前、印刷和印后三个阶段。随着网络技术和计算机硬件的飞速发展，印刷原稿的图文内容越来越多样化，印刷产品的时效性要求越来越高。目前印刷和印后过程逐渐成熟，特别是新型数字印刷机的推广和普及，印刷三个阶段中的印前承担了更多的任务并扮演更重要的角色，印前阶段对最终的印品质量具有重要影响。所谓印前，通常是指出版物从设计到制作成印版所涉及的所有过程，由原稿的输入、编辑、排版、拼版、输出等技术环节组成。

2.1　数字印前工作流程

数字印前处理过程主要由信息输入、信息处理、排版、拼大版、输出等环节组成。数字印前普遍使用的工艺流程如图 2-1 所示。

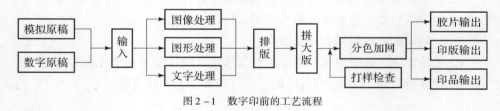

图 2-1　数字印前的工艺流程

2.1.1　信息输入

信息输入阶段，主要完成对原稿的采集或创建。对模拟图像原稿通常采用扫描输入的方式将其数字化，图形需要在专门的图形处理软件中创建，文本利用键盘或光学字符识别（OCR）输入方式输入，数字原稿可直接读取。

2.1.2　信息处理

信息处理阶段，对图像、图形、文字分别在图像、图形、文字处理软件中进行编辑处理，获得符合印刷要求的图像文件、图形文件和文本文件。

2.1.3　排版

排版是将图像、图形和文本三类页面要素按照事先设计的版式组合在一个页面上,包括在文字排版过程中按照版式排布文本和在专门的排版软件中进行页面图文混排,排版的阶段性成果是一组图文合一的单页页面文件。

2.1.4　拼大版

印刷机的印刷幅面比较大,从八开到全开。印刷品幅面比较小,通常不超过八开。为了使印刷品幅面适合印刷机幅面,图文混排的单页页面文件还必须按照一定的规则组合成印刷幅面大小,这样才能合理地制作印刷版。这一过程由拼大版软件完成。

常用的排版软件都具有拼大版的功能,但是排版软件的拼大版操作多数功能为手动进行,是在计算机屏幕上通过手动移动单页定位至合适的位置进行拼大版,易出错。数字印刷机的流程软件也具有拼版功能,但是由于数字印刷机的印刷幅面不大,该类软件只具备简单的拼版功能,不能称为拼大版功能。拼大版软件专指那些可以自动按照印刷机幅面,依据拼大版规则自动根据折手等要求进行拼大版的软件,如海德堡公司的 Signastation、克里奥公司的 Preps、方正公司的文合等拼大版软件。

2.1.5　输出

拼大版之后的数字页面正式输出前,先通过打样设备输出纸质样张,经过审校,若发现错误,可回到前面的步骤中进行修改,确认无误后,由光栅图像处理器(Raster Image Processor,RIP)解释并驱动输出设备,输出制版胶片、印版或印刷品。其过程如图 2 - 2 所示。

2.2　数字印前系统的组成

数字印前系统是以通用硬件和软件为基础的一种开放式计算机信息处理系统。它以工作站或微型计算机为核心,配有标准接口及标准界面,可以与各种通用的输入设备和输出设备连接,也可以与专用的印前输入设备和输出设备连接,加上相应的印刷应用软件,便组成了可以满足各类印刷出版用户要求的不同档次和功能的印前系统。

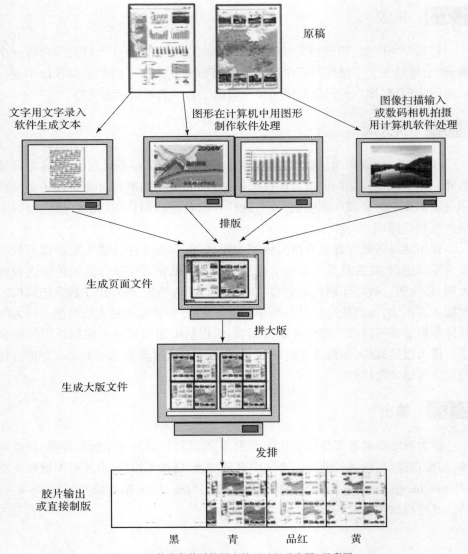

原稿

文字用文字录入
软件生成文本

图形在计算机中用图形
制作软件处理

图像扫描输入
或数码相机拍摄
用计算机软件处理

排版

生成页面文件

拼大版

生成大版文件

发排

胶片输出
或直接制版

黑　　青　　品红　　黄

图2－2　数字印前系统图文处理过程示意图(见彩图)

2.2.1　数字印前系统的基本结构

数字印前系统是以通用硬件和软件组合为基础,加上相应的印刷应用软件和印刷输出设备构建而成的。为了满足不同档次、不同需求的印刷客户要求,可以选用不同类型的输出设备和印刷软件。

1. 硬件组成

完整的数字印前系统硬件应包括能采集文字、图形、图像的输入设备,能有效处理和传递电子文件的网络化计算机或工作站,能显示高保真色彩的显示系统,能保存大量电子数据的各种存储器,能输出黑白或彩色样张的各类打印机,能输出分色胶片的激光照排机,能输出印版的计算机直接制版机或直接输出印品的数字印刷机等,如图 2-3 所示。

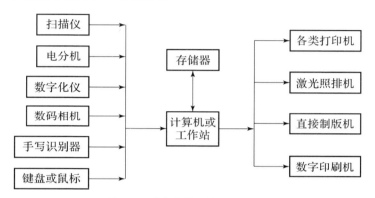

图 2-3 数字印前系统的硬件组成

1)输入设备

输入设备是指能将文字、图形、图像信息输入计算机的设备,即将文字、图形和图像原稿转换为数字数据的设备。数字印前中的文字、图形、图像,所使用的输入设备和输入方法是不同的。

文字输入设备主要用于字符的输入,包括如下几类:

(1)键盘。用于给计算机下达指令的键盘也是用于文字输入的主要工具,它可以将输入的字符、数字和符号转换成对应的计算机可以处理的代码,以代码对应字符、数字或符号,供后续图文编辑排版处理使用。

(2)光学字符识别器(Optical Character Recognition,OCR)。通过扫描仪扫描的方式输入印刷或手写的汉字,即先将文字以图像的方式扫描输入,然后利用有关软件进行识别转换,自动生成文本。

除了上述两类之外,还可以利用手写识别输入或语音输入的设备输入文字。

图像和图形输入设备,包括如下几类:

(1)扫描仪图像输入设备。用于图像原稿的扫描输入。它的光学系统首先将采集到的原稿彩色光信号分解为红、绿、蓝三原色分通道信号,之后利用光电耦合器或光电倍增管将光信号转换为大小对应的电信号,再利用模/数转换器将电信号转换为数字信号,从而获得原稿的数字图像数据。

(2)数码相机图像输入设备。用于捕获立体的、远距离的静态或瞬间动态图像。数码相机的功能与扫描仪相似,都可以将图像数字化,它们的结果是一样的。但是数码相机可以捕获立体的、远距离的瞬间动态图像,而扫描仪只能识别近距离的原稿。

(3)数字化仪图形输入设备。利用电磁感应,通过手持跟踪或自动化跟踪方法,高精度输入图形的专用设备。但是常用的图形输入设备是扫描仪和计算机的组合,利用扫描仪将图形和扫描图像一样扫描输入计算机,再利用专门的图形软件将输入的图像数据转换为图形数据。其中,将图像数据转换为图形数据被称为"矢量化"。

2)处理设备

数字印前系统的计算机部分是系统的核心。数字印前处理的主要是图形、图像数据,由于数据量比较大,所以对计算机的配置要求比较高,一般需要使用高性能的计算机或工作站。

3)输出设备

输出设备的作用是将经过印前处理的数字图文数据可视化输出。目前,广泛使用的输出设备有数字打印机、计算机直接制版机和数字印刷机。实际上,显示器和存储器也是输出设备。

激光照排机用于将数字印前系统生成的数字页面以制版底片的形式输出,输出的制版底片可以直接用于晒制上机印刷的印刷版;计算机直接制版机用于将数字印前系统生成的数字页面直接以印版的形式输出;数字打印机和数字印刷机用于将这些数字页面以印品的形式输出,数字打印机适合少量输出,数字印刷机适合大批量输出。数字打印机和数字印刷机两者的成像原理相同,常用的数字印刷机和数字打印机都是基于静电成像和喷墨成像的设备。数字印刷机与数字打印机的主要区别是:数字印刷机的输出速度相对快,而数字打印机的成像速度慢,通常用于为上机印刷的活件输出样张,或适用于数十份以内的印品输出。

2. 软件构成

构建一套完整的印前系统包括硬件和软件选购,两者缺一不可。如图 2 - 4 所示是数字印前系统常用软件构成图。和其他计算机系统一样,数字印前系统所需的软件分为操作系统软件和应用软件两大类:操作系统软件用于管理计算机本身和应用软件;应用软件是为满足用户特定需求而设计的软件。严格地说印前软件仅仅指用于数字印前的应用软件。借助于这些软件的功能,完成印前图文信息的各种处理,生成可以输出符合印刷要求的数字页面数据,并驱动各种输出设备进行输出。

图2-4 数字印前系统的软件构成

从图2-4可以看出,虽然数字印前图像、图形和文字信息处理可以统一在数字印前系统中处理,但仍然需要使用不同的输入方式和各自的处理软件分别处理,直到排版阶段才利用专用的排版软件将图像、图形和文字信息,按印刷出版的要求组合在一个页面上,再利用拼大版软件将单页面按印后折页的需求以及上机印刷时印版的幅面大小,拼合成大版文件,最后利用RIP软件解释并驱动输出设备,按流程的设计输出成印版或直接输出成印刷品。

2.2.2 数字印前系统的常用设备

印前系统常用设备包括输入设备、处理设备以及输出设备三大类;处理设备主要指计算机或工作站,由于计算机和工作站为通用设备,在此不作介绍;输入设备主要为扫描仪和数码相机;根据输出工艺流程的不同,输出设备主要为激光照排机、直接制版机、数字印刷机和打印机。本书主要介绍各类设备的工作原理、功能以及主要技术参数。

1. 输入设备

1)扫描仪

扫描仪主要用于图像的输入,即对模拟的原稿数字化。

(1)扫描仪的分类。

扫描仪可以按不同的依据分类。按结构和工作方式不同可分为平板式扫描仪(Flat-bed Scanner)和滚筒式扫描仪(Drum Scanner);按光电转换器件的种类可分为光电耦合器件(Charge Coupled Device,CCD)扫描仪和光电倍增管(Photo Multiplier Tube,PMT)扫描仪。通常,平板式扫描仪使用 CCD 感光器件,滚筒式扫描仪使用 PMT 感光器件。

(2)扫描仪的主要技术参数。

①信噪比。信噪比就是指信号和干扰噪声之间的比例关系,信噪比越高,对有用信号的提取就越准确和清晰。目前平板式扫描仪使用 CCD 作为光电采集器,而影响 CCD 采集精度的最大问题就是噪声。特别是当信号比较弱小的时候。如图 2-5 所示清楚地表示了原稿上不同密度的 A、B 两个相差不大的低亮度信号在两种传感器上的输出信号。图 2-5(a)为一组 CCD 的输出,图 2-5(b)为一个 PMT 的输出,可以看出,同样是 A、B 两个信号,在 CCD 上输出信号的随机分布范围很大,而 PMT 上这种随机范围就较小,所以滚筒式扫描仪在暗调部位的采集性能优于平板式扫描仪。

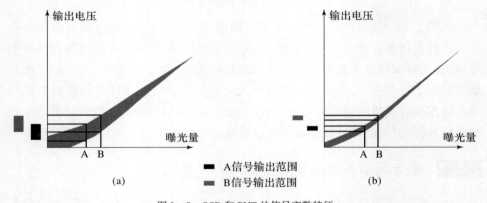

图 2-5 CCD 和 PMT 的信号离散特征

②分辨率。扫描仪的分辨率是扫描仪最重要的参数,可分为光学分辨率和插值分辨率,单位以 ppi(pixels per inch)或 dpi(dots per inch)表示。光学分辨率表示扫描仪光学系统能够达到的最高输入分辨率,是指扫描仪对图像进行扫描时可达到的最高采样精度。

对于平板式扫描仪,光学分辨率又分为水平分辨率和垂直分辨率。水平分辨率主要取决于 CCD 的总像素数和扫描的宽度,光学分辨率 = CCD 总像素数/扫描最大宽度(单位:英寸(inch①));垂直分辨率是根据扫描仪中的步进电机在机械设计中每进一步的移动距离而确定的,它与步进电机和机械传动部分有关。因此水平分辨率更重要,通常所指的光学分辨率是水平分辨率。

---

① 1inch = 2.54cm。

例如,有5000像素CCD扫描仪,其最大扫描宽度为8.3inch,则:光学分辨率 = 5000/8.3≈600dpi。

对于滚筒扫描仪,光学分辨率主要取决于扫描线数的宽度,即滚筒转一圈时扫描横向采集的距离,扫描线越细分辨率越高;反之,分辨率越低。其垂直分辨率是指沿滚筒周向单位长度内采集的点数。

扫描时,在光学分辨率许可的范围内,操作人员可以通过扫描仪驱动软件对扫描分辨率进行设置,设置分辨率越高,所能采集的图像信息量越大,扫描输出的图像中包含的细节也越多,同时,扫描文件增大。扫描分辨率大小关系到获得的扫描图像的可放大倍数,以及印刷时的最大加网线数。扫描分辨率、图像放大倍数和印刷加网线数三者的关系为

$$扫描分辨率 = 放大倍数 \times 加网线数 \times 质量因子(1.5 \sim 2)$$

可以看出,当印刷加网线数一定时,扫描分辨率限制图像的放大倍数。当图像最大放大倍数受扫描分辨率限制时,就只能降低放大倍数或印刷加网线数,三者互相制约。

插值分辨率是扫描后通过软件插值法计算得到的分辨率。虽然插值分辨率能使扫描图像的分辨率提高,但不能实际增加图像中的信息量,反而会使图像看起来模糊。但是,用这种方法可以从软件上实现高放大倍数图像的扫描。插值分辨率通常是光学分辨率的2～4倍。

③动态范围。动态范围指给定设备所能探测到的最浅颜色和最深颜色之间的密度差值。它表示了一个相对密度区间的概念,这个区间越宽,表明设备再现色调细微变化的能力(区别相近颜色之间细微差别的能力)就越强,可以捕捉的可视细节就越多,在阴影(颜色最深的面积)中更是如此。在阴影中要精确地采样细节是非常困难的,因为阴影细节中反射和透射来的光能量是有限的。扫描仪动态范围可通过扫描梯尺测量。

④密度范围。动态范围有时也被称为密度范围,这是因为它们都表示扫描仪的扫描密度区间。但严格说,两者是有区别的。动态范围是指扫描仪器件能够扫描的最大密度区间,它是由扫描仪所使用的光学采集器件性能决定的一种能力指标。而通常所指的密度范围是扫描工艺参数设置中人为设定的从最大密度 D_{max} 到最小密度 D_{min} 之间的工作密度范围。它是一种工艺上的参数。

通常反射原稿密度范围小于2.0D,透射原稿的密度可达到3.5D,因此扫描透射原稿时对扫描仪的要求要高得多。

⑤颜色位深度。颜色位深度表示扫描仪对扫描颜色的所有原色能识别的最大灰度级数之和,即对任一颜色扫描后,每个原色通道灰度级数相加的总和。也

可以理解为以多少位的二进制数值准确表示一个被扫描的颜色。扫描仪的颜色位数越高,捕获的色彩越丰富,扫描的图像层次越多,动态范围也越大。绝大部分扫描仪的位深度能够达到 24 位。

(3)扫描仪的工作原理。

①平板式扫描仪工作原理。平板式扫描仪的工作原理如图 2－6 所示。平板式扫描仪采用线状光源(荧光灯管或光纤束)照明原稿,依靠光源与原稿的相对运动将原稿逐行照亮,从原稿上反射或透射的图像光线被光学系统收集,清晰成像在带红、绿、蓝滤色片的光电转换器件上。

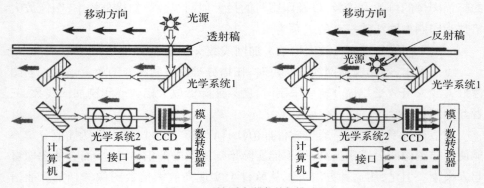

图 2－6　平板式扫描仪的扫描过程

光电转换器件将透过红、绿、蓝滤色片的光线分别转换成红、绿、蓝三种模拟电信号,并经过模/数(A/D)转换器件获得红、绿、蓝三种数字图像信号,图像信号经过图像处理再通过接口电路,将数字图像信号传送到计算机内。

绝大多数的平板式扫描仪采用移动扫描光源、原稿静止的方式进行扫描,但也有扫描仪采用光源静止而移动原稿平台的扫描方式,这种方式的优点是光学系统稳定性高,但扫描仪必须具备容纳原稿平台的空间,占用空间稍大。

②滚筒式扫描仪的工作原理。滚筒式扫描仪的工作原理如图 2－7 所示。图像原稿贴在滚筒上,滚筒在高速旋转过程中,扫描光源和扫描头沿着滚筒轴线方向移动,形成螺旋线扫描轨迹。扫描光源发出的光线逐点照射原稿,通过原稿反射或透射的光线被扫描镜头接收;接着通过一组干涉滤色片分光形成三束色光;再分别经过红、绿、蓝滤色片分色,并由各自对应的光电倍增管转换成电信号;经信号放大器放大后的电信号,由各自的 A/D 转换器转换成图像的红、绿、蓝数字信号;最后经过图像处理,通过数据接口传送到计算机存储器。

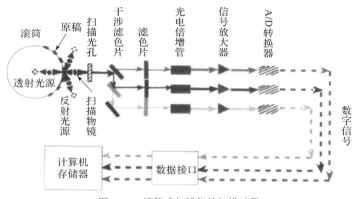

图 2 - 7　滚筒式扫描仪的扫描过程

2）数码相机

数码相机又称数字照相机（Digital Camera），它借助光学成像系统、光电转换系统和 A/D 转换器件，将拍摄的景物直接转换成数字图像并存储于数据载体上。由于数码相机能够获取高质量的数字图像，因此数码相机是当今印前系统的主要图像输入设备之一。

数码相机由镜头、观景窗、液晶显示屏、快门、闪光灯、外部输入端口、储存器等部件组成，如图 2 - 8 所示。

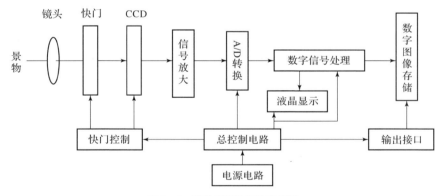

图 2 - 8　数码相机的结构和原理

（1）数码相机的工作原理。数码相机属于无胶片图像记录技术中的一种，它以存储器件记录信息替代了感光材料记录信息，即影像光线通过数码相机的镜头、光圈、快门后，并非到达胶片，而是到达光电转换器件 CCD 或互补金属氧化物半导体（Complementary Metal Oxide Semiconductor，CMOS）上。通过光电转换器件获得的电信号经模拟信号放大、模拟与数字的转换、压缩处理后，存储在随机存储器或存储卡上。

数码相机的工作原理类似于扫描仪,但与扫描仪不同的是数码相机的 CCD 或 CMOS 为面状排列。

(2)数码相机的主要技术参数。

①有效像素数。有效像素数指数码相机拍摄一幅图像所能采集的最大像素数。和扫描仪的分辨率一样,数码相机的分辨率是拍摄记录景物细节能力的度量。但是厂家并不给出数码相机的分辨率值,而是给出数码相机拍摄一幅数字图像中所包含的总像素数值。因为数码相机中的感光元件 CCD 或 CMOS 为面状排列,其成像平面尺寸是定值,因此可以用一次成像时的总像素数来衡量数码相机记录景物细节的能力。常见的数码相机像素数有 1000 万、2000 万、4000 万、6000 万、7000 万等。

②镜头焦距。数码相机的镜头有固定焦距和变焦镜头两种:用固定焦距拍摄图像时,观景窗内看到的景物大小,也就是拍摄下来的图像的大小;变焦镜头不仅可调整焦距以获得清晰的影像,并可实现景物的拉近与放大功能。

数码相机的变焦镜头依照技术的不同,分为数字变焦(软件变焦)和光学变焦(硬件变焦)。数字变焦就是将所拍摄下来的景物取中央部分进行局部放大,作用与图像编辑软件的放大镜功能相当。由于是摄入之后再放大,因此图像颗粒会变粗。光学变焦是通过配备构造复杂的伸缩镜头实现。光学变焦在景物摄入之前,已对景物作数倍的放大,然后才摄入相机的 CCD 感光元件。高级数码相机还可以配接鱼眼镜头、广角镜头、远摄镜头及各种滤色镜头。

③曝光方式。与传统相机一样,拍摄时根据所摄景物的光线强弱,相机可以选择光圈的大小或快门速度来控制曝光量的大小,从而获得曝光量合适的影像。数码相机的曝光方式有手动曝光和自动曝光两大类:手动曝光方式指拍摄者手动设置光圈大小和快门速度;自动曝光方式指利用相机的测光装置自动决定光圈大小和快门速度。自动曝光又有光圈优先式自动曝光、快门优先式自动曝光、程序式自动曝光等多种形式之分。

④感光度。传统相机本身无感光度可言,感光度指的是感光胶片的感光速度。数码相机本身包含用于接收光线信号的 CCD 芯片,因此感光度是数码相机的参数。

通常数码相机感光度分布在相当于感光胶片感光度的中、高速范围,多数数码相机的感光度高于 ISO 100,有的数码相机的感光度是唯一的,也有的相机给出了一定的感光度调整范围。如果数码相机没有内置闪光灯,要求的感光度会高一些,以便在较弱的光线下也能拍摄。全自动的数码相机曝光由数码相机自动设定,因此有的数码相机未标出感光度。

⑤图像文件格式。图像文件格式是拍摄所获得图像存储的文件数据格式。

一般有 JPEG、RAW、TIFF 和 PNG，其中使用最广泛的是 JPEG 格式，RAW 格式文件除保存图像信息外，还能保存摄影设置参数。

⑥存储器种类以及存储能力。数码相机拍摄的数字图像，以文件形式记录在存储器上。数码相机采用的存储器分为内置式存储器和可移动式存储器。使用内置式存储器，存储器装满后，必须及时输入计算机并删除存储器中的存储文件才能再进行拍摄。可移动式存储器在存储器装满后可随时更换，如要拍很多图像，只要备有足够多的可移动存储器即可。很多数码相机既有内置式存储器又可使用可移动式存储器。

2. 输出设备

印前系统将经过处理的数字图文页面数据，通过不同的输出设备进行输出，其工艺流程如图 2 - 9 所示。可通过激光照排机(Imagesetter)输出可供晒制印版的分色加网胶片。也可通过数字式直接制版机(Platesetter)直接输出可上机印刷的印版，数字式直接制版又可分为计算机脱机直接制版和计算机在机直接制版。通常直接制版输出(Computer To Plate,CTP)指计算机脱机直接制版。计算机在机直接制版也称在机直接成像(Direct Imaging,DI)。还可通过数字打印机或数字印刷机直接输出样张或印品。

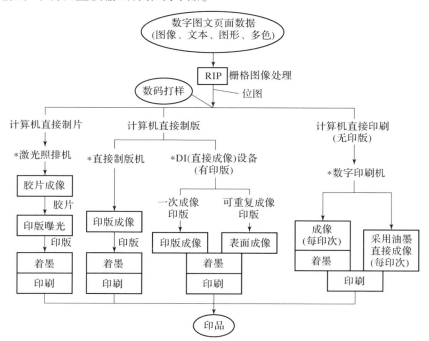

图 2 - 9　基于不同输出设备的印刷工艺流程示意图

1) 激光照排机

激光照排机可以按整机结构分为外鼓式激光照排机、内鼓式激光照排机、平台式激光照排机以及绞盘式激光照排机。

(1) 外鼓式激光照排机。

外鼓式激光照排机有一个合金制的滚筒,如图 2 – 10 所示。信息记录材料贴附在滚筒外表面,在滚筒侧面的记录头上装有多束激光。记录过程中,记录滚筒带动信息记录材料旋转,在记录头电机和丝杆的驱动下,滚筒侧面的记录头沿滚筒轴向移动,用多束激光对胶片曝光。计算机送来的二值图文数据控制激光束的"通/断",在信息记录材料上成像,直至按需将版面记录完毕为止。

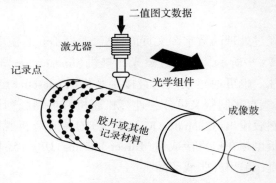

图 2 – 10　外鼓式激光照排机原理

由于感光胶片的敏感度高,外鼓式激光照排机可以达到很高的滚筒转速,外鼓式激光照排机一般具备几十束激光,激光的输出功率较低。

(2) 内鼓式激光照排机。

记录材料贴附在滚筒内壁上,滚筒中间有一个旋转镜,随镜面的转动,激光束投射到记录材料上。照射到旋转镜上的激光束受二值图文记录数据控制,形成对材料的曝光,记录时旋转镜每转动一周,沿轴向移动一步,再进行下一周的记录,直至全部图文记录完毕为止,如图 2 – 11 所示。

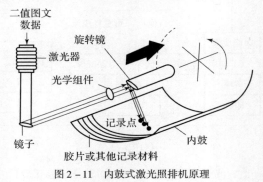

图 2 – 11　内鼓式激光照排机原理

在整个记录过程中,记录材料静止不动,从而容易实现更高的重复精度。对胶片记录而言,内鼓式激光照排机上旋转镜的转速很高,可达 30000 ~ 67000r/min。但通常为单束光曝光。

(3)平台式激光照排机。

在平台式激光照排机上,记录材料被安放在一个平台上。如图 2 - 12 所示,激光束通过一个多棱镜反射,逐线射向胶片;完成一线曝光后,平台按图上标示的箭头方向移动一线,并开始下一线的曝光。另外一种方案是平台静止,而在平台上方,带多束激光的记录头近距离移动式对记录材料曝光。

采用多棱镜或振镜的设备,在一条记录线范围内,由于中心与边缘距光源的距离不等,会造成记录分辨率、曝光强度等方面的误差,因此,此类设备都必须附加修正误差的光学系统。另外,由于平台在记录过程中处于移动状态,故平台式激光照排机的重复精度一般低于滚筒型设备。

(4)绞盘式激光照排机。

绞盘式激光照排机也叫轧压式照排机或绞轮型照排机,工作原理如图 2 - 13 所示。

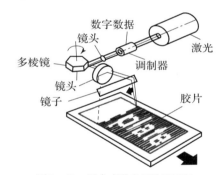

图 2 - 12　平台式激光照排机原理

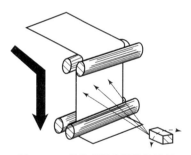

图 2 - 13　绞盘式激光照排机原理

胶片卷成一卷,由两个轴通过摩擦力带动胶片移动。记录时,激光记录头垂直于胶片往复运动,在胶片上一行行进行曝光,曝光后的胶片进入收片盒。在成像过程中,传动辊始终把感光胶片拉紧,并把它从供片盒传送到收片盒中。

绞盘式激光照排机的记录长度可以远远超出记录宽度,但其重复精度差,是一种低价位的入门型记录输出设备。

激光照排机的主要技术参数有输出分辨率、记录精度、重复精度、输出幅面、记录速度和激光波长等。其中,输出分辨率和重复精度是衡量照排机性能的两个最重要的指标,也是划分激光照排机档次的标准。

(1)输出分辨率。

输出分辨率又称为记录分辨率,它是指激光照排机在单位长度内可以记录的光点数量(dpi)或线数(lpi),输出分辨率越高,激光光点的尺寸就越小,光点的密集程度就越高。在相同的加网线数条件下,输出分辨率越高,组成一个网点的光点数就越多,由网点形成的图像能表示的灰度级也就越多,阶调层次就越丰富。当激光照排机的输出分辨率和输出加网线数确定后,可计算出相应的灰度级,即

$$灰度级 = (输出分辨率/加网线数)^2 + 1$$

提高输出分辨率能够产生更为精细的阶调,层次更为丰富的网目半色调图像,但这要增加输出的数据量,从而降低照排机的输出速度。为了协调分辨率高低引起的输出质量和输出速度之间的矛盾,照排机上常有几档分辨率供选择。

(2)记录精度。

记录精度是以成像区域内任何一处横向或纵向的 12inch 长直线在两张不同软片上的长度之差作为度量方法。差值越大,记录精度越低;差值越小,记录精度越高。

(3)重复精度。

重复精度是指版面某个点在两次重复输出中是否能精确位于同一位置上的能力。彩色印刷分四色输出,在印刷过程中再叠印形成彩色,其相互套准的精度在很大程度上与重复精度有关。重复精度受纵横两个方向的扫描精度影响。在上述各种结构的输出设备中,外鼓式激光照排机重复精度最佳可达 $\pm 2\mu m$,内鼓式可达 $\pm 5\mu m$,绞盘式重复精度相比较差,一般为 $\pm(15 \sim 20)\mu m$,而且随着使用时间的加长重复精度会逐渐降低。

记录精度和重复精度的区别:记录精度指将记录点准确地在其对应位置曝光的能力;重复精度指同一颜色像素点在输出的 4 张分色片上准确套合的能力。对于输出分色胶片,关注重复精度比关注记录精度更重要。但记录精度是重复精度的基础,若记录精度差,重复精度也不可能好。

(4)激光波长。

激光照排机的激光器波长决定了所使用胶片的型号及价格。常用的激光器有波长为 633nm 的氦氖激光器,波长为 650nm 或 670nm 的红光半导体激光器,波长为 780nm 的红外半导体激光器。

(5)输出幅面。

最大输出幅面有正八开、大八开、正四开、大四开、对开、大对开和全开幅面。在最大输出记录幅面范围内可以换用几种不同幅面的胶片,以适应不同幅面的要求,达到节约感光材料的目的。照排机的输出分辨率和重复精度与幅面关系很大,幅面越大,对精度的要求就越高。制造加工难度越大,价格也越高。

2）直接制版机

直接制版分为脱机直接制版和在机直接制版。

（1）脱机直接制版设备。

直接制版机的结构和激光照排机的结构一样，都可以按整机结构分为外鼓式、内鼓式和平台式，不同的是，直接制版机需要根据感光版的类型和性能构建对应波长的专门成像系统。直接制版机的技术参数与激光照排机基本一样。

外鼓式直接制版机的优点是激光与印版靠近，不仅降低了对激光质量以及对光学系统对准的要求，而且能量损耗小，可采用多束光曝光。既适用于大幅面印版的作业，也适用于需要曝光能量较大的热敏版材。

内鼓式直接制版机，由于其光路长，能量有一定损失，特别是对旋转镜转速较高的设备，需采用更高功率的激光或较高敏感度的印版。多用于记录敏感度较高的印版（如紫激光版材等），少数用于热敏版材。另外，内鼓式直接制版机需要用较大力量弯曲印版边缘，印版处理相对困难，不适合大幅面制版。

CTP 直接制版机的工作原理：由激光器产生的单束原始激光，经多路光学纤维或复杂的高速旋转光学裂束系统分裂成多束（通常是 200～500 束）极细的激光束，声光调制器按计算机中图像信息的亮暗等特征，对激光束的亮暗变化加以调制后，激光束变成受控光束，再经聚焦，几百束微激光直接射到印版表面曝光，在印版上形成图像的潜影。曝光后的版再经显影处理，即可制成可直接用于印刷的印版。

（2）在机直接成像制版设备。

在机成像印刷与传统印刷相同的是都需要印版才能实现印品的生产，因此，图文信息不是逐张可变印刷；不同的是在机成像印刷的印版是联机制作，也就是在印刷机前端增加一套与其相连的数字成像制版设备。在机成像印刷分为一次性成像印版技术和可重复成像印版技术两种。

一次性成像印版技术是指将数字化的图文信息直接在印版表面成像，印版不能够重复使用。这种技术的关键是印版的一次性成像性质，印版表面的成像物质一旦经过成像处理，其性质即被破坏，不能恢复。一次性成像印版技术主要以提高印刷精度与效率为核心，并省去胶片或印版制作以及人工上版过程，当印刷内容改变时，必须重新换版并重新成像制版。

可重复成像印版技术是采用计算机直接制版的版材，在印刷完成后印版表面的图文可以被擦除，还原印版成像前的性质，因而可以重新用来制版。

可重复成像印版技术的基础版材是可转换聚合物。可转换是指材料的表面特性为了适应印刷或制版的要求，可从一种状态转化成另一种状态。即在印刷之前印版成像时，其表面基础的亲水斥油的特性，能够通过某种物理化学的变化转换成亲油斥水的特性,并在整个印刷过程中保持其性能不变。在印刷结束后印版上的图像又可以被擦除掉,即通过物理化学作用使表面特性恢复到原始状态,并可以反复使用。

印版的这种可重复使用特性和使用寿命取决于材料的性质、内部的物理化学变化以及成像方式。目前常用的可重复成像印版技术有基于热传递的柔性版直接成像制版、基于烧蚀法凹印滚筒直接成像制版、基于喷墨的直接成像制版、基于磁技术与调色剂的直接成像制版、基于光电效应的直接成像胶印版制版五种。

3)数字印刷机

数字印刷是将数字页面数据直接转换成印刷品的一种印刷复制过程,在数字印刷中,数字链已从输出制版胶片或印版延伸到直接输出印刷品,数字印刷技术的定义:由数字信息直接在非脱机的影像载体上生成逐印张可变的图文影像后,利用呈色物质将该图文影像传递到承印物形成印刷品,并满足批量生产要求的印刷技术。由于数字印刷技术通常不是通过压力将图文影像传递到承印物形成印刷品的,因此称为直接印刷输出(Non – Impact Printing,NIP)技术,它与彩色打印输出设备的主要区别是输出速度不同。

数字印刷也称为可变数据印刷,因为在每次印刷输出之前都必须重新成像,可以印刷出逐印张内容不同的印刷品。数字印刷机采用的主要成像机理有静电成像、离子成像、磁记录成像、喷墨成像、热敏成像、照相成像等,如图 2 – 14 所示。其中静电成像、喷墨成像的应用最为广泛。

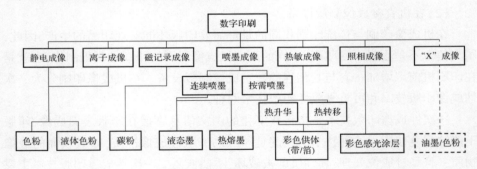

图 2 – 14 数字印刷设备的分类

(1)喷墨成像式数字印刷机。

喷墨成像印刷时油墨从微细的喷嘴喷射到承印物上,通过油墨与承印物的相互作用,使油墨在承印物上形成稳定的影像。为使油墨具有足够的干燥速度,并使印刷品具有足够高的印刷密度和分辨率,一般要求油墨中的溶剂能够快速渗透进入承印物,而油墨中的呈色剂(一般多为染料)应能够尽可能固着在承印物的表面。所以一般的喷墨印刷系统都必须使用专用配套的油墨和承印材料

（纸张），使用的油墨必须与承印物匹配，以保证良好的印刷质量。

从机理上讲，喷墨打印属于高速成像体系，根据喷射方式的不同，墨滴的产生速度可以在每秒钟数千滴到数十万滴的范围内变化。为了加快打印速度，通常采用线阵列多嘴喷头的体系。

喷墨印刷有多种喷墨方式，总体上分为连续喷墨方式和按需喷墨方式两大类，如图 2-15 所示。喷墨方式决定其可采用的油墨，如连续喷墨方式和热泡式喷墨方式只能采用液体油墨，而压电式喷墨方式还可以采用热熔油墨。

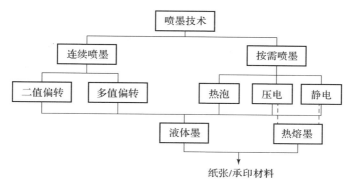

图 2-15　喷墨成像分类

连续喷墨印刷是指喷墨印刷系统在印刷过程中，其喷嘴连续不断地喷射出墨滴，用一定的技术方法将连续喷射的墨滴进行"分流"，使对应图文部分的墨滴直接喷射到承印物上，形成图像，对应非图文部分的墨滴被偏转喷射方向，喷射到回收槽中转移回收，如图 2-16 所示。

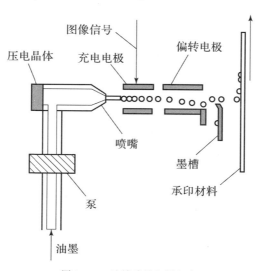

图 2-16　连续喷墨印刷方式

连续喷墨印刷又分为二值偏转喷墨印刷和多值偏转喷墨印刷两类,多值偏转喷墨印刷喷射到承印物上的墨滴会根据给出图像信号的大小不同带上不同的电荷值,在偏转电极的作用下偏转不同的角度,从而到达承印物上不同的位置。

按需喷墨印刷是在图文信号的控制下将墨滴从喷嘴中喷出,即只有在需要成像时才将喷嘴中的墨滴喷出。按需喷墨比连续喷墨的分辨率高,但速度慢。

按需喷墨印刷有热泡式喷墨、压电式喷墨、静电喷墨三种印刷方式。

热泡式喷墨。印刷设备中,打印头墨水腔的一侧为加热板,墨水腔装有喷孔,如图 2 – 17 所示。印刷时,加热板在图文信号控制的电流作用下迅速升温至高于油墨的沸点,与加热板直接接触的油墨汽化后形成气泡,气泡形成的压力使油墨从喷孔喷出,到达承印物,形成图文。一旦油墨喷射出去,加热板冷却,墨水腔依靠毛细作用从贮墨器吸入油墨,重新注满。

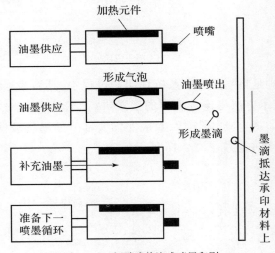

图 2 – 17　间歇式热泡式喷墨印刷

压电式喷墨。印刷设备是利用压电晶体的振动或变形产生压力喷出墨滴。当压电产生脉冲时,压电晶体发生变形产生喷墨的压力,将油墨挤出形成墨滴,并高速飞向承印物,这些墨滴不带电荷,不需要偏转控制,直接射到承印物上形成图像,而压电晶体则恢复原状,墨水腔中重新注满墨水,如图 2 – 18 所示。

静电喷墨。印刷设备在承印材料和喷墨打印系统之间产生一个电场,通过向喷嘴发送一个基于数字页面数据的控制脉冲来产生墨滴。这些脉冲导致墨滴释放,并沿指定路径通过电场到达承印材料。

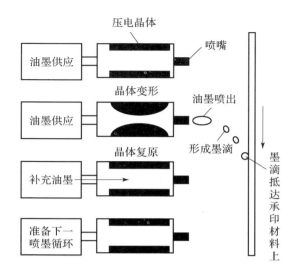

图 2 – 18　间歇式压电式喷墨印刷

（2）静电成像式数字印刷机。

静电成像是利用某些光导材料在黑暗中为绝缘体,而在光照条件下电阻值急剧下降,变为导体的特性来成像。把这种光导材料附到一个圆筒形的鼓形零件上,形成光导鼓,光导鼓通常放置在暗盒中,静电成像过程可分为充电、曝光、显影、转印、定影等几个步骤,如图 2 – 19 所示。

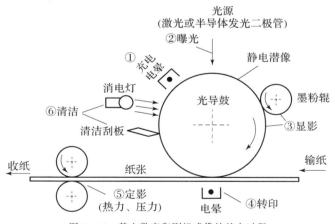

图 2 – 19　静电数字印刷机成像的基本过程

①充电。利用电晕放电装置使感光鼓光敏层表面均匀地带上一层静电荷,这一过程叫充电或敏化。所充电荷极性取决于光敏导体的类型。一般"P"型光敏层充正电;"N"型光敏层充负电。

②曝光。在充电的光导鼓表面成像,用激光或半导体发光二极管阵列对光敏层进行扫描曝光,曝光处的电荷随光的强弱不同而消失的程度不同,从而在光导鼓表面形成了"电荷图像",也就是潜像。

③显影。用带相反电荷的呈色剂吸附在潜像上,把潜像变成可见影像的过程,也就是上墨过程。静电成像印刷使用的油墨与传统油墨不同,它可以是固体粉末也可以是液体呈色剂,但它必须带有与潜像相反的电荷,这样在电场力的作用下,光导鼓表面的潜像区域才能吸附油墨(或呈色剂)形成可见图像。

④转印。将光导鼓表面吸附的油墨转移到承印物上,在转印处设置电晕放电,依靠电场力的作用将带电油墨从光导鼓表面转移到承印物上。光导鼓表面的油墨(或呈色剂)可以直接转移到承印物上,也可以通过中间载体转移。

⑤定影。转移到承印物上的油墨(或呈色剂)还需要进一步定影,使其牢牢黏附在承印物上。定影主要通过加热和压力作用完成。

⑥清洁。转印后,光导鼓表面还有一部分残留的电荷或油墨。为了进行下一印张的印刷,需要对光导鼓表面进行清洁,以及电子清除和处理,使光导鼓表面恢复到中性状态,以便下一印刷循环过程的进行。

4)彩色数字打印机

彩色数字打印输出设备通常可用于少量印品的输出,有时也被用作数字预打样设备。按打印原理不同,彩色数字打印机可以分为针式彩色打印机、喷墨打印机、激光打印机和热升华打印机等。

(1)针式彩色打印机。

针式彩色打印机是最便宜也是最早的彩色输出设备,价格低廉、操作方便、使用成本低,由于它以直接撞击的方式来打印,因此可以复写,在使用票据频率较高的单位如银行、税务使用比较广泛。缺点是噪声大、分辨率低、输出效果差,彩色图像打样更是力不从心,属于彩色打印机的低档产品,适合文字输出。

(2)喷墨打印机。

喷墨打印机是经济型打印机,其工作原理与喷墨印刷工作原理相同。

(3)激光打印机。

激光打印机是印前系统的主要输出装置之一,应用非常广泛,主要用于打印单色印品,在办公自动化中用得较多。激光打印机是一种典型的静电成像印刷系统,工作机理可参考静电成像式数字印刷机。

(4)热升华打印机。

热升华打印是一种非银盐成像方式,影像的形成过程是染料从供体转移到接受体的过程。热升华彩色打印机采用连续色调打印,输出效果细腻精美,用于要求彩色输出效果极高的场合,适合用户的高档消费需求。

2.2.3 数字印前系统的常用软件

印前系统常用软件包括较通用的图像、图形、文字处理软件和专业性强的页面排版软件、拼大版软件、RIP 软件、流程软件等专用软件。在熟悉印刷输出的各种设置的前提下，才可以熟练使用专用软件，因此，专用软件一般由印刷专业技术人员来使用。

1. 图像处理软件

图像处理软件可以完成图像的创建以及图像的编辑修改。在印前系统中，常用的图像处理软件是 Photoshop。Photoshop 在印前系统中的主要应用：利用 Photoshop 的扫描输入功能，可以驱动扫描仪扫描输入图像原稿；利用 Photoshop 的设计及创意功能来设计创建图像；同时，Photoshop 在图像质量增强方面还具有功能强大的色彩校正、层次校正、清晰度提高等功能，可以进行各类图像原稿的色彩和阶调的调整；除此之外，Photoshop 还具有较完善的色彩管理功能和印刷输出的专业色彩控制功能，不仅完全可以满足印前图像编辑处理的所有需求，还可以满足印前图像输入和输出的需求。

2. 图形处理软件

常用的图形处理软件有 Illustrator 和 CorelDraw。Illustrator 和 CorelDraw 主要功能是创建和编辑处理矢量图形，同时也具备处理文本、显示并简单地处理位图图像的功能以及一定的手工排版和拼版功能，同时还具有将处理后的数字页面输出的功能。

3. 页面排版软件

在数字印前工作流程中，排版是由专门的排版软件完成的。市面上的排版软件很多，常用的有 Adobe 公司的 Indesign 排版软件、方正的飞腾（FIT）排版软件和 Quark 公司的 QuarkXpress 排版软件。排版软件的基本功能相似，主要功能是将原先分别采集和处理后的文字、图像和图形按照版式的设计组合成单页电子文档。

4. 拼大版软件

拼大版软件专指那些可以自动按照印刷机幅面，依据拼大版规则自动根据折手等要求进行拼大版的软件,如海德堡公司的 Signastation、克里奥公司的 Preps、方正公司的文合等,拼大版软件的主要功能是在已知各项拼大版影响参数的基础上,计算出待拼排的电子文档所有单页在大版上的准确拼排位置,然后按照计算好的定位将单页和标记放置到大版的数字页面文件中,并将排列好的大版页面文件通过 RIP 控制输出设备输出。

5. RIP 软件

RIP 软件也称为光栅图像处理器,最主要的功能是将数字页面描述数据转换成为对应输出设备输出的"栅格图像",即构成输出设备曝光点的二进制值输出文件,再控制输出设备输出。所以 RIP 主要由解释部分和控制部分组成:解释部分负责解释页面信息并转换成对应输出设备输出的"栅格图像";控制部分用来控制输出成像部分的运转。

常用 RIP 软件有海德堡的 Meta Dimension、方正世纪的 RIP、爱克发的 taipan RIP、赛天使的 PS/M NuBus、RIP 佳盟的 RIP 等。

6. 数字化工作流程软件

印刷数字化工作流程软件是计算机集成管理软件的一种,通过流程软件的控制,将印前、印刷、印后三个分过程整合成一个自动化的工作流程,使数字图文信息能自动地、完整准确地在各个处理阶段中传递,最终加工制作成印刷成品。

当前的印刷数字化工作流程软件根据印刷流程数字链的长短可以分为针对制版印刷的流程软件和针对数字印刷、网络按需印刷及可变数据印刷的小型流程软件。

通常所讲的数字化工作流程软件是指针对制版印刷的流程软件。较著名的有海德堡公司的印通印易得(Printready)、柯达公司的印能捷(Prinergy)、爱克发公司的爱普及(Apogee)、网屏公司的汇智(Trueflow)、北大方正有限公司的畅流(ElecRoc)等。

针对数字印刷、网络按需印刷及可变数据印刷的小型流程软件,主要面向数字印刷机等输出设备。与针对传统流程软件相比,这类流程软件结构简单,模块少,没有外部独立的排版和拼大版软件支持,自身排版功能简单,采用自定义的内部作业描述格式。

2.3 栅格图像处理

数字印前图像处理的目标是将彩色原稿图像变成符合印刷要求的印刷图像,这样才能通过上机印刷的方式复制出大量符合要求的印刷品。数字印前图像处理主要包括原稿图像数字化输入、原稿图像阶调层次调整、色彩调整、清晰度调整、分色输出和加网。

2.3.1 图像的概念

现代印刷中采用的图像基本都是数字图像,在介绍图像处理前需要了解数字图像的一些基本概念。我们现实中看到的景物被称为连续调图像,通过成像形成的连续调图像有摄影照片、照相底片、彩色画稿等,这些图像的深浅变化与颜色变化都是连续的。图中没有跳跃性变化,变化是无级的。而在数字化复制流程中,连续调图像需要被数字化才能更好地存储、处理和传播。

数字图像由二维的元素组成,每一个元素具有一个特定的位置(x,y)和幅值$f(x,y)$,这些元素就称为像素。数字图像是像素组成的二维排列矩阵。对于单色(灰度)图像而言,每个像素的幅值(亮度)用一个值来表示,通常数值范围在 $0\sim255$ 之间,0 表示黑、255 表示白,其他值表示处于黑白之间的灰度。彩色图像可以用红、绿、蓝三元组的二维矩阵来表示。通常,三元组的每个数值也是在 $0\sim255$ 之间,0 表示相应的基色在该像素中没有,而 255 则代表相应的基色在该像素中取得最大值。最常见的数字图像就是相机或扫描仪采集的图像,其每个坐标位置用一个像素表示,原场景中该位置的明暗对应该像素值的大小。

在印刷流程中,存在半色调图像的概念,其本质也是一种数字图像。半色调图像是在连续调图像的基础上经过加网点阵化,用网点来表示颜色深浅和色彩的图像。由于网点在空间上是有一定距离的呈离散型分布,并且由于加网的级数总有一定的限制,在图像的层次变化上不能像连续调图像那样实现无级变化,故称加网图像为半色调图像。常见的有经过加网的阳片、胶片、印刷图像等。

2.3.2 图像的基本参数

1. 像素

像素是表示图像信息的最小单元。像素的基本属性包括:①原色通道数

(用于表示像素颜色的原色量,例如用 RGB 颜色空间表示颜色的通道数为 3,用 CMYK 颜色空间表示颜色的通道数为 4);②每个通道的灰度值;③以行列号表示的位置属性。

2. 颜色位深度

颜色位深度指以多少位的二进制数字表示像素的颜色信息。每个像素的颜色位深度值为像素的原色通道数与单通道位深度值的乘积。例如,颜色位深度为 1,表明每个像素只能用计算机的"0"和"1"表示两种颜色,通常是黑与白,称为二值图像。如颜色位深度为 8,则每个像素具有 8 个颜色位,$2^8 = 256$ 表示单通道图像的 256 个灰度等级。RGB 彩色图像有三个通道,若颜色位深度为 8,则每个像素位深为 24,存在 2^{24} 种颜色。

3. 图像分辨率

图像分辨率指图像的精细程度,以每英寸(或每厘米)的像素数表示。由于数字图像在显示的过程中可以任意缩放,数字图像的分辨率常以"图像的长(像素数)×宽(像素数)"定义。显然,图像分辨率越高,像素点越精细,图像也越清晰。图像文件所需的存储空间也越大,编辑和处理所需的时间也越长。

表示图像分辨率的单位有三个:dpi、lpi 和 ppi。dpi(dots per inch,点/英寸)是指每英寸上所能印刷输出的网点数;lpi(line per inch,线/英寸)指印刷品在水平或垂直方向上每英寸的网线数即加网线数,也称挂网线数;ppi(pixel per inch,像素/英寸)图像分辨率的单位,即在图像中每英寸所表达的像素数目。图像的分辨率越高,所打印出来的图像也就越细致、精密。

以下区分几个图像大小和分辨率的概念。图像的大小(pixel)/图像的分辨率(dpi)=输出的尺寸(长×宽)。例如:一张 900 像素×900 像素的清晰图片,以 300dpi 的分辨率来印刷,能印刷的尺寸为 900 像素除以 300dpi,等于 3inch,即可以印刷出 7.6cm×7.6cm 的清晰图片。扫描分辨率 = 印刷网线数×2×放大倍率。例如,当印刷网线定为 175lpi 时,若要将影像以原尺寸排版打印,最好用 350dpi 的分辨率去扫描该图像。

图像分辨率 dpi 与加网线数 lpi 既有联系又有区别,图像分辨率要高于印刷分辨率,一般是 2×2 个以上的像素生成 1 个网点,即 lpi 是 dpi 的 1/2 左右。印刷 200lpi 分辨率的图像需要 400dpi 左右的图像文件支持,目前大部分印刷稿件要求的彩色图片分辨率不低于 300dpi。

4. 图像颜色模式

图像颜色模式是指数字图像定义并记录图像颜色信息的方法。数字图像的颜色模式有多种。表 2 – 1 中列出的是最常用且最重要的图像颜色模式,在图像处理软件中可根据处理图像工作的需要在各模式之间进行转换。

表 2 – 1　图像颜色模式及参数

图像模式	通道数	位深	可复制颜色数	用途
RGB	3(红、绿、蓝)	3×8 位	$2^{24} = 16.78$ 百万	屏幕显示的彩色连续调图像(如彩色照片)
CMYK	4(黄、品红、青、黑)	4×8 位	$2^{32} = 42.9$ 亿	四色印刷的彩色连续调图像(如彩色照片)
Lab	3(亮度、红 – 绿值、黄 – 蓝值)	3×8 位	$2^{24} = 16.78$ 百万	与设备无关的彩色的连续调图像的存储
索引彩色图	1	1 ~ 8 位	2 ~ 256	适合于互联网图形的特殊效果
位图	1	1 位	2(黑白)	线条的绘制
灰度图	1	8 位	256(从黑到白的灰度值)	单色连续调图像(如黑白照片)

表 2 – 1 中的索引彩色图指基于预先定义的 256 种颜色的彩色图像。这种计算机色彩表示方法的每个像素值实际上是一个索引值或代码,计算机的 8 位表示空间就可以表示 256 个颜色。用该索引值或代码值作为颜色查找表(Color Look – Up Table,CLUT)中某一项的入口地址,根据该地址可查找出每个颜色实际的 R、G、B 色彩值。用这种方式产生的颜色虽然不能高保真地还原原稿的颜色,但是比较每个通道用 8 位空间仅表示 1 个像素颜色的真彩色,它需要的计算机存储空间小,适用于网络图像的高速传送和网页中图像的显示。

分辨率和色彩位数是选择用于印刷输出的数字图像原稿的关键要素。首先,应该保证用于等大输出时,原稿的分辨率不低于印刷输出加网线数两倍。其次,保证每个通道的色彩位数不低于 8 位。

2.3.3　图像处理方法

通过扫描仪或数码相机完成图像输入,获得数字图像原稿。对于数字图像原稿在采集过程中造成的一些不足,在数字印前系统中还可以进行处理。处理的内容主要有阶调层次的调整、颜色的调正以及清晰度的调整,针对每幅待复制的数字图像原稿进行个性化处理,保证进入印前流程的图像原稿符合复制的要求。

1. 阶调层次调整

1)阶调层次含义

图像中存在着许多不同明暗/深浅的层次,它们之间差异造成的视觉印象可以用"阶调(Tone)"和"层次(Gradation)"来描述。阶调和层次都可以描述图像的明暗或深浅变化,但两者描述的侧重点有差异。

阶调侧重对图像层次变化的整体状况描述。例如:"阶调分布"指图像中各种不同明暗等级的统计分布状况;"阶调长短"指图像最亮、最暗阶调值所构成的范围;"高调人像"是指整体上十分明亮的人物肖像。

层次指图像颜色明暗或深浅的分级。侧重对明暗等级之间差别的大小进行描述。例如:"拉开或压缩层次"是指将明暗等级之间的差别增大或减小。

图像的阶调范围是由图像最亮点与最暗点之间可分辨层次多少决定的。在阶调范围一定的情况下,等级之间的差别(层次差别)越小,阶调范围所容纳的层次数就越多。

通常,可以将图像的阶调范围分为极高光、高光、中间调和暗调四部分。其中:高光是指由高亮度层次构成的阶调,若以 0~255 数值描述图像的亮暗层次变化,高光在数值上处于灰度等级 240 附近的一个范围内;中间调是中等明亮程度层次形成的阶调,是构成图像的主要部分,范围在 127 左右的一个较大范围内,通常对彩色图像的调整主要针对中间调进行;暗调则是指由明亮程度低的层次构成的阶调,灰度等级大约在 12 附近的范围内;极高光一般是图像中小面积区域,由极其明亮的区域构成,印刷品图像中的极高光一般是没有网点的区域(绝网区域),灰度值在 255 附近的一个很小的范围。有时为了突出图像中特别暗(最暗)的部位,又从暗调中划分出极暗调,其灰度值在 0 附近的一个狭小的范围内。

2)阶调复制曲线

阶调复制曲线是横坐标为原图阶调分布,纵坐标为复制品阶调分布的关系曲线,是原图阶调数值与印刷品阶调数值之间的对应关系曲线,如图 2-20 所示。定量度量图像亮暗层次的度量值可以是光学密度 D、色度值 L^*、网点面积率等。图像阶调再现是彩色复制的核心,再现的阶调越长,层次越多,越能真实表现原图中的色彩变化和质感。由于印刷品可再现的阶调范围远远小于自然景观或其他表现方式,因此,合理设置印刷复制图像的阶调分布,并根据原稿进行调整,才能保证被复制图像阶调层次整体结构的完整性,避免阶调和色彩信息的损失。阶调层次的复制制约着色彩的再现,是实现最佳图像复制效果的基础。阶调层次的再现是印前处理的重要内容,也是图像再现质量控制和评价的主要指标。

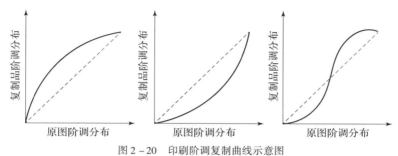

图 2 - 20　印刷阶调复制曲线示意图

3) 印刷图像再现阶调压缩的必然性

彩色复制中采用的原稿种类繁多,密度范围相差甚大。大多数原稿密度范围远大于印刷品密度范围,如果没有控制地对阶调进行处理,印刷过程中,就会丢失一部分重要的阶调层次。例如,无意丢失的高调或暗调区域的阶调层次,很多情况下属于表现原图像内容的重要阶调层次,丢失的结果会造成复制图像阶调或色彩失真。因此,在印刷复制的过程中要有控制地进行阶调压缩,使能表现原稿的最主要阶调层次得以保留,使人眼感觉复制图像的整体阶调层次与原稿最接近。

对于模拟原稿,彩色透射稿、彩色反转片的密度范围一般为 2.8 ~ 3.5,最高可达 4.0 以上。而印刷能够再现的密度值较低。例如一般胶印印刷品所能再现的阶调范围:高级涂料纸为 1.8 ~ 1.9,一般涂料纸为 1.6 左右,胶版纸为 1.3 左右,新闻纸为 0.90。因此在印刷过程中,不可能将原图的高、中、暗调层次都再现出来,无法实现原稿的密度范围,必须对原稿的阶调范围进行压缩和调整,使之适合印刷再现的阶调范围,如图 2 - 21 所示。

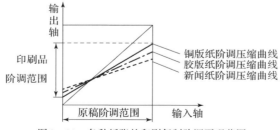

图 2 - 21　各种纸张的印刷复制阶调再现范围

屏幕显示的数字图像通常是 RGB 模式,RGB 三通道中每个通道有 0～255 级灰度变换;而印刷图像的 CMYK 四色,每色以印刷网点面积率表示则为 0～100%。0 表示无印刷油墨,对应屏幕图像最亮的 255 级;100% 表示印满油墨,对应屏幕图像最暗的 0 级。由 RGB 像素形成的图像不仅阶调范围远大于印刷品,色域范围也远大于印刷品,所以显示屏上的彩色图像如果要输出打样印刷,也必须进行阶调范围压缩和调整,这是数字印前系统中要首先考虑的阶调压缩调整方式。

由于印刷工艺条件不同,获得的印品表现原稿阶调长短的能力也不同(如图 2-21 所示为采用不同印刷用纸时再现的阶调范围)。因此,要结合印刷工艺条件对原图进行处理。倘若印刷材料固定,印刷工艺流程规范、标准,所获印品再现的最大阶调范围应是比较固定的。

印前阶调压缩遵循保留能反映原图整体效果的主要阶调层次,合理分布压缩后的阶调层次原则。因此,阶调再现复制通常不采用等比压缩方式,而是非线性调整压缩方式。

4)原图阶调层次调整方法

数字印前中,原图阶调层次调整可以在图像处理软件中进行,例如Photoshop 图像处理软件。常用的阶调调整方法有三种:黑场/白场定标法、曲线调整法、色阶(灰度值)调整法。

(1)黑场/白场定标法。

根据需要,分别选择待复制图像中暗调部分的一点和亮调部分的一点作为复制后图像阶调的起点和终点,在原稿上确定进入图像复制的阶调范围。此过程称为设置暗调和高光或设置黑场和白场。原稿中黑场之外的暗调在复制稿中合并到黑场点,如同裁剪黑场以外的暗调部分,白场同理。通常白场选择图像中需要复制再现出的有层次变化的最亮点,黑场选择图像中需要复制再现出的有层次变化的最暗点。然后,将印品上最亮的 CMYK 油墨值指定给原图设置的白场点,将印品上最暗的 CMYK 油墨值指定给原图设置的黑场点。

在复制中,阶调层次的压缩常常不可避免,所以黑白场设置的关键是根据原稿类型确定以下两种方式哪一种能更好地再现原图的阶调层次:一是多裁去一部分黑白场以外的层次,使保留下来的阶调层次做较小的压缩;二是少裁去一部分黑白场以外的层次(甚至不做裁剪),使保留下来的阶调范围更大一些,这样在对原图进行阶调层次的调整过程中需要做较大的压缩。当然,无论如何设置黑白场,必须保留决定全图阶调层次的关键层次段。

黑白场设置的结果是重定原图的阶调范围,使原图的阶调层次压缩。但是,若想改变图像中某一部分的阶调差值,必须使用阶调层次调整工具。

图像阶调层次调整的目的是将图像中想表现的细节层次拉大,使这部分层次不因印刷品阶调的整体压缩而失去表现力,压缩其他无关视觉观看大局的次要阶调层次。

（2）曲线调整法。

通过 Photoshop 软件中的阶调复制曲线调整功能,可以改变图像各层次段颜色的深浅或明暗、层次反差的拉开或压缩。曲线可以对图像灰度曲线上的任何一点进行调整,也可以只对锁定的一段曲线进行调整,而不影响其他层次。需注意的是,层次调整一般都是使用图像的 RGB 或 CMYK 复合通道进行的,以防止在分通道调整时破坏灰平衡。

（3）色阶（灰度值）调整法。

"色阶"调整是利用直方图对图像进行阶调层次调整的方法。在 Photoshop 软件中选择【图像】/【调整】/【色阶】弹出如图 2 - 22 所示的对话框。

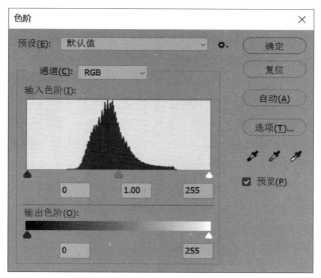

图 2 - 22　色阶对话框

对话框中色阶图的下方有输入轴和输出轴,输入轴用于调整原稿图像的阶调范围,输出轴用于调整输出图像（复制品）的阶调范围。拖动输入轴的黑场滑块和白场滑块可以对原稿图像进行黑白场设置,确定其进入图像复制的阶调范围。拖动输出轴的黑场滑块和白场滑块是对输出图像（复制品）做调整,确定输出图像的阶调范围。应该注意,对于印品的输出阶调范围希望越大越好,所以,一般不对输出阶调范围做调整。

2. 颜色调整

在进行颜色调整前,必须先进行阶调层次的调整。倘若先完成颜色校准,再进行阶调层次的调整,在阶调层次调整的过程中颜色还会发生变化,破坏一开始已经调整好的颜色效果。

对图像的色彩正确校准是在对原稿图像色彩进行准确判断的基础上实施的,需要经验基础。判断时主要关注的因素有原稿是否偏色,某些色彩是否要加强,色彩的饱和度是否增加等。

1)颜色调整的基本机理

与模拟图像相比,数字图像的颜色调整处理非常方便:①现在的软件功能允许在可视化的状态下对色彩进行调整,色彩调整的效果可以实时感觉;②数字图像的数据主体是图像中每个像素的分通道灰度值,以 RGB 图像为例,图 2-23(b)彩色图像的数据为图 2-23(a)的 3 个矩阵组成,若要对图 2-23(b)色彩进行调整只需要对图 2-23(a)的矩阵做相应的算法即可。图像色彩调整的实质是对图像的数据矩阵中的数值进行调整,不同的调整方法对应不同的算法。

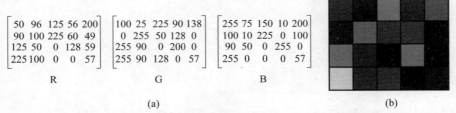

图 2-23　图像中的像素集及其对应的彩色像素矩阵(见彩图)

(a)像素的 R、G、B 矩阵;(b)数字图像的像素集。

2)Photoshop 软件中颜色调整方法

在 Photoshop 软件的【图像】/【调整】菜单下聚集了各种有色彩调整功能的子菜单。主要有 3 大类调整方法:仅对图 2-23(a)R、G、B 矩阵中的某一个矩阵进行调整,即单通道调整;对 3 个矩阵同时做相关的调整;将图像从 RGB 模式状态转换到其他颜色空间进行调整,例如转换到 HSB 空间或 CMYK 空间进行调整。

在【色阶】和【曲线】工具中针对综合通道的调整以及用【亮度/对比度】工具进行的调整,属于对 3 个矩阵同时做调整,一般用于调整阶调层次,而不是单纯的调整颜色。

利用【色阶】、【曲线】、【色彩平衡】和【通道混合器】工具调整颜色,都是单通道调整法。需要注意的是单通道调整颜色易产生颜色误差,调整的幅度不宜大。

用【色阶】和【曲线】调整颜色,需先选择好要调整的颜色通道,在【色阶】对话框中,通过调整各个滑块的位置,增加或减少当前通道的颜色,达到调整颜色的目的;在【曲线】对话框中,一般通过拖动曲线来增加或减少某个阶调范围的当前通道颜色,达到调整颜色的目的。

【色彩平衡】调整法,是通过调整对话框中针对不同颜色通道的 3 个滑块的位置或直接输入数据,达到对高光、中间调或暗调颜色调整的目的。

【通道混合器】是按照一定计算方法,利用所有单通道的数据来调整选定通道数据的颜色调整法。【通道混合器】的工作原理:选定图像中某一通道作为处理通道,即输出通道,根据【通道混合器】对话框中各项参数设置,对图像输出通道原像素灰度值进行加减计算,使输出通道生成新的像素灰度值,达到调节颜色的目的。操作的结果只在输出通道中体现,其他通道像素值保持不变。输出通道可以是原图像的任一通道。

【色相/饱和度】、【替换颜色】都是将图像转换到 HSB 颜色空间进行调整,编辑选项中包括全图、红、绿、蓝、黄、品红、青共 7 个选项,用于确定调整功能作用的颜色区域,首先在编辑选项中确定要调整的颜色范围,然后通过滑动色相滑块进行色相调节,整个色谱带宽上的颜色都可以用来替换当前颜色;之后,再调整饱和度和明度滑块。

【替换颜色】通过鼠标在图像中点击,选择需要进行替换的颜色范围,然后通过调整对话框中色相、饱和度和明度 3 个滑块(或直接在滑块对应方框中输入数值),得到新的颜色并替代选中的颜色。

3. 清晰度调整

印前处理过程中对图像原稿清晰度的调整包括图像锐化(图像清晰度强调处理)和图像的平滑处理、网目调图像的网点模糊化处理(去网)。图像的平滑处理、网目调图像的网点模糊化处理是图像清晰度提高的逆处理,即降低清晰度感受的处理。

1)图像锐化

在数字印前图像处理中,清晰度的强调主要是通过锐化功能来实现的,锐化可使模糊柔和的边缘轮廓转化为清晰可辨的边界,其实质是利用马赫带效应。Photoshop 和许多扫描软件都提供了图像锐化功能。

在 Photoshop 的【滤镜】(Filter)工具中选择【锐化】(Sharpen)工具,即可对图像进行锐化处理,提高图像的清晰度。锐化工具包括四个功能选项:【锐化】(Sharpen)、【锐化边缘】(Sharpen Edges)、【进一步锐化】(Sharpen more)和【虚光蒙版】（Unsharpen Mask）。"锐化"通过增强像素之间的对比度使图像变得清晰，反复使用可以增强效果；"锐化边缘"通过软件自动识别颜色，只锐化边缘的对比度，使颜色之间变得对比明显；"进一步锐化"是比锐化边缘滤镜更强的锐化效果；"虚光蒙版"思路源于传统印刷的照相蒙版技术，所以称为虚光蒙版技术，其实质是利用视觉对比原理，是最成熟的锐化技术。

2）图像平滑

为抑制噪声、改善图像质量所进行的处理称为图像平滑。实际获得的图像在形成、传输、接收和处理的过程中，不可避免地存在着外部干扰和内部干扰，如光电转换过程中敏感元件灵敏度的不均匀性、数字化过程中的量化噪声、传输过程中的误差以及人为因素等，均会使图像变质。因此，去除噪声，恢复原始图像是图像处理过程中的一个重要内容。在彩色印刷复制过程中，为了保证诸如肤色、丝绸质感之类的复制艺术再现需要，也需要使图像平滑、柔和、降低锐度。

3）印刷品去网

印刷品一般在扫描过程中去网。但在扫描过程中去网处理不好，就必须在后期图像处理时去网。Photoshop 软件中去网主要是采用去除噪声的方式。

对印刷品原稿进行去网处理时，可将青、品红、黑、黄四色版作为 4 个独立的色通道，单独用不同的参数处理。如对于主色网点明显的色版，模糊处理程度可加重一些，而对于弱色版则可以少做甚至不做模糊。另外，在输出时，可将主色版青、品红、黑 3 个色的角度进行调换，使之与原稿中的角度不一致。

Photoshop 中，提供了多种可用于图像平滑和去网的滤镜。

（1）"模糊"滤镜：柔化选区或图像，可以处理清晰度或对比度过分强烈的区域，并能将网点像素与周围区域的像素打散柔和，消弱网点的清晰度，达到将网点感觉减淡的效果。"模糊"滤镜并不能真正消除网点，只能适当地消弱网点的清晰度，若过分"模糊"可能降低画面清晰度。

（2）"去斑"滤镜：消除扫描过程中产生的随机杂色，能检测图像边缘（颜色显著变化的区域）并模糊边缘外的像素，移除杂色，保留画面的细节，降低网点清晰度。

（3）"蒙尘与划痕"滤镜：通过更改相异的像素减少杂色，可设置不同的半径与阈值，常用"蒙尘与划痕"消除图像瑕疵和消弱网点清晰度。

（4）"中间值"滤镜：通过混合选区中像素的亮度来减少图像的杂色，可以搜索并查找到亮度相近像素，非常适合消除或减少图像的动感效果，对消弱网点也有一定作用。

2.3.4 数字图像的存储格式

图像格式是指数字图像信息的存储格式。依据图像数据存储时的编码方式不同,图像格式有多种,同一幅图像可用不同的图像格式存储。即便是对同一幅图像,不同格式之间所包含的图像信息量不同,图像质量也不同,文件大小也有很大差别。为了利用已有的图像文件,或者在不同的软件中使用图像,就要注意图像格式的不同,必要时还需进行图像格式的转换。

1. TIFF 文件格式

1)TIFF 格式简介

TIFF 是 Tag Image File Format(标记图像文件格式)的缩写,文件后缀是".tif"或".tiff"。此种文件格式是由 Aldus 和 Microsoft 公司为扫描仪和台式计算机出版软件开发的,是用来为存储黑白图像、灰度图像和彩色图像而定义的存储格式。虽然 TIFF 格式的历史比其他的文件格式长一些,但现在仍是使用最广泛的行业标准位图文件格式,这主要是由于 TIFF 格式的规格经过多次改进。TIFF 位图可具有任何大小的尺寸和分辨率,在理论上它能够有无限位深,即每样本点 1~8 位、24 位、32 位(CMYK 模式)或 48 位(RGB 模式)。TIFF 格式能对灰度、CMYK 模式、索引颜色模式或 RGB 模式进行编码。它能被保存为压缩和非压缩的格式。

TIFF 格式支持高分辨率颜色,把一幅图像的不同部分分成块状,或者说是数据块。每个块状部分,都保存了个标志,其中提供了块状看起来是什么样的信息。块状的优点是支持 TIFF 格式的软件包只需要保存当前显示在屏幕上的那部分图像,而没有在屏幕上显示的图像部分还保存在硬盘上,等到需要时才装入内存。当编辑一幅非常大的高分辨率图像时,这一特性就很重要。

2)TIFF 格式特点

TIFF 格式是桌面出版系统中使用最多的图像格式之一,它不仅在图像处理软件、排版软件中普遍使用,也可以用来直接输出。其特点主要如下。

(1)跨平台的格式。

TIFF 格式适用于许多应用程序,它与计算机的结构、操作系统和硬件无关。因此,大多数扫描仪都能输出 TIFF 格式的图像文件。

(2)支持多种图像模式。

TIFF 支持任意大小的图像,从二值图像到 24 位的真彩色图像(包括灰度图像、RGB 图像、CMYK 图像和 Lab 图像),TIFF 的规范允许使用 CMYK 和

RGB 这 2 种颜色模式,即可将图像分成 4 种套印颜色,并且将分色前的图像保存为 TIFF 格式。将 TIFF 格式文件置入页面版式设计或相似程序中,不要求做进一步的分色,TIFF 格式也可保存索引颜色位图,但对索引颜色图像,更多使用 GIF 格式。

几乎所有工作中涉及位图的应用程序,无论是置入、打印、修整还是编辑位图,都能处理 TIFF 文件格式。一个 TIFF 文件所描述的信息可以比其他图像文件格式所能描述的多得多,因此它是国际上非常流行的图像文件格式。但是,TIFF 格式不支持多色调图像,这是它与 EPS 格式的重要区别之一。

(3)支持 Alpha 通道,支持剪辑路径(Clipping Path)。

图像处理软件通常把处理过程中的某些重要信息(如用某种原则对图像进行分割后形成的选择区域)存放在 Alpha 通道内,TIFF 格式能够处理剪辑路径,在排版软件中,能够读取剪辑路径,并正确地剪掉背景。但 TIFF 文件不支持加网处理指令,若在保存位图的同时保存加网处理指令,必须使用 EPS 文件格式。

(4)支持 LZW 无损压缩。

LZW 压缩技术也被 GIF 格式使用。但与 GIF 格式不同的是,由 TIFF 格式使用的 LZW 压缩方法支持索引彩色以外的所有图像模式。存储时若采用 LZW 压缩选项,则图像处理软件将自动压缩图像的信息量。

(5)TIFF 文件格式是图像的专用格式,不能用来保存图形文件。

TIFF 文件格式只能用于保存栅格图像文件,不能用来保存矢量图形文件。若将矢量图形文件保存为 TIFF 文件格式,会自动将矢量图形转换为栅格图像。

2. JPEG 文件格式

1)JPEG 格式简介

严格地说,JPEG 不是一种图像格式,而是一种压缩图像数据的方法。但是,由于它的用途广泛而被人们认为是图像格式的一种。

JPEG 定义了图像的压缩和编码方法,这是到目前为止压缩比最高的压缩技术。JPEG 主要通过存储图像的颜色变化信息来实现数据量的压缩,特别是亮度的变化信息。只要重建后的图像在亮度上与原图的变化相似,人眼看上去就会觉得与原图相同。JPEG 格式压缩的是图像相邻行和列间的多余信息,由于压缩掉的颜色信息不至于引起人眼视觉上的明显感觉,因此它是一种较好的图像存储格式。

2)JPEG 格式特点

JPEG 格式采用一种有损的编码格式,主要特点如下。

（1）节省存储空间。

由于采用有损的编码方式，用 JPEG 压缩方法处理图像可节省大量的空间。但是采用 JPEG 格式编码的图像无法恢复到原始图像，即 JPEG 格式压缩量是不可逆的，因此建议只在文件做最后存储时使用。

（2）非常适合摄影照片的处理。

到目前为止，还没有比用 JPEG 格式更好的文件格式。这主要是因为，JPEG 格式压缩的是图像相邻行、列间的多余信息，不会引起人眼视觉上的明显变化，看上去会与原图非常相似。

与 GIF 格式相比，尽管 JPEG 采用有损的编码方式，但它经过解压后重建的图像比 GIF 更接近原始图像，目前网络上 80% 的图像都采用了 JPEG 格式。

（3）能存储真彩色数据。

JPEG 能保留 RGB 图像中所有的颜色，是存储图像数据最经济的方法。GIF 要把 RGB 图像转换为索引彩色图像，它最多只能保留图像中的 256 种颜色。

缺点是 JPEG 格式的软件解压速度慢，标准仍然处在改进之中。

3. BMP 文件格式

1）BMP 格式简介

BMP 是 Bitmap 的缩写，意为位图，其扩展名为".bmp"。BMP 格式图像文件是微软公司特为 Windows 环境应用图像而设计的 BMP 格式图像文件结构，可以分为文件头、调色板数据（不超过 256 色 24Bit）以及像数据三部分。

2）BMP 格式特点

BMP 格式的主要特点如下。

（1）一般情况下，BMP 格式的图像是非压缩格式。当用压缩格式存放时，使用 RLE4 压缩方式，可得到 16 色模式的图像；采用 RLE8 压缩方式，则得到 256 色的图像。

（2）可以多种彩色模式保存图像，如 16 色、256 色 24Bit 真彩色，最新版本的 BMP 格式允许 32Bit 真彩色。

（3）数据排列顺序与其他格式的图像文件不同，从图像左下角为起点存储图像，而不是以图像的左上角作为起点。

4. GIF 格式

1）GIF 格式简介

GIF 格式是一种压缩的位图文件格式。当初的设计是为了方便网络用户传送图像数据。由于网络技术的发展,GIF 格式也开始流行起来。

GIF 格式由 CompuServe 公司 1987 年推出,全称是 Graphics Interchange Format,即图形交换格式。目前,GIF 格式有两个版本,即 87a 和 89a。87a 一个文件存储一个图像,89a 允许一个文件存储多个图像,可实现动画功能。

2)GIF 格式特点

GIF 格式采用的是一种无损的编码格式,主要特点如下。

(1)GIF 文件具有多元结构,可以利用一个文件同时存储多幅图像,采用改进的 LZW 压缩算法处理图像数据;GIF 格式提供了存储多种信息的结构,使得不同的输入/输出设备能够方便地交换数据;GIF 格式提供了数据顺序和交叉存储机制,交叉方式适合图像的网络传输。

(2)GIF 格式不支持 24 位彩色,最多只能存储 256 种颜色的图像。由于 GIF 格式没有提供存储灰度或色彩校正的支持手段,所以,GIF 不支持 CMYK 或 HSB 的模型数据。

(3)GIF 格式是为网络图像数据传输而设计的一种传输格式,而不作为印刷文件的存储格式。GIF 格式仅支持 Bitmap、Grayscale(灰度)和索引彩色模式,在数字印刷中无法使用该格式。

5. PNG 格式

1)PNG 格式简介

PNG 格式是由 Adobe 公司为了适应图像的网络传输而开发的位图图像文件格式。该格式结合了 GIF 和 JPEG 格式的优点,可提供 16 位灰度图像和 48 位真彩色图像,可以利用 Alpha 通道做去背景的处理,是功能非常强大的网络用图像文件格式。

2)PNG 格式特点

PNG 格式因可以支持索引色和 RGB 模式而优于 GIF 格式,因采用了一种无损压缩方法而优于 JPEG 格式。PNG 格式以无损压缩方式来减少文件的大小,是目前最不易失真的一种图像格式,而且显示速度极快。

2.4 矢量图形处理

对于计算机来说,图形(Graphics)和图像(Image)是两种不相同的媒体,图形与图像的生成、描述、存储、处理以及输出等方面都存在差异,然而图形与图像在很多场合下又是很难区分的。随着多媒体技术的飞速发展,图形与图像的结合日益紧密。图像软件往往包含图形绘制功能,而图形软件又常常具备图像处理功能。

2.4.1 图形的定义

图形指由人工徒手绘制或用计算机绘制工具构造绘制的、具有某种形体特征和填充效果的二维或三维画面视觉信息体,更多的时候称为矢量图形。例如椭圆是由椭圆边缘的一些点形成的轮廓和轮廓内的填充两部分组成,椭圆的颜色取决于椭圆轮廓曲线的颜色和轮廓内的填充颜色。对于矢量图形,我们可以通过修改描述椭圆轮廓的曲线来更改椭圆的形状,也可以移动、缩放、变形,或者在不改变图形显示质量的前提下,改变具有矢量性质椭圆的轮廓颜色和填充颜色。

点、直线、矩形、圆、椭圆、圆弧、贝塞尔(Bezier)曲线和样条曲线等都是组成图形的基本图元。每个基本图元由输入的形体特征参数(几何坐标参数)和属性数据(包括色彩、线型以及点符的大小等)来定义。图形对象突出特点是任何一个图形对象都有一套自己独立的描述数据并分别独立存在,所以图形对象都具有独立性和可拾取性,即任何一个图形对象在软件界面上都是独立可拾取、可移动、可操作、可编辑的。与图像相比,图形侧重于依据形体特征进行绘制和构造。根据对形体特征的数学描述,可以形成图形描绘算法,借助计算机硬件和软件完成图形的生成、存储和处理。

面向印刷复制的图形,其页面特征包括图形所占据的空间(平面/立体)、形状、图形内部填充颜色/图案、轮廓颜色/图案等。按空间特性分类,图形可分为如下几类。

(1)零维:标记点,特征有形状和颜色。

(2)一维:线,特征有线型(虚线、实线等)、线的粗细和颜色。

(3)二维:平面,特征有填充的内容和颜色。

(4)三维:体,特征有透视、阴影、材质、表面特征等。

2.4.2 图形的创建

图形在计算机内是用形体特征参数(几何坐标参数)和属性参数共同描述。

1. 图形的形体特征参数

形体特征参数指图形在页面坐标系统中的几何形状定位参数。通常规则图形(矩形、圆形、椭圆形等)由相关函数与规则图形的定位坐标值共同描述;

平版印刷技术 PINGBAN YINSHUA JISHU

自由图形则由节点、直线和曲线组合而成,其中曲线又可以采用贝塞尔函数或 B 样条函数描述,直线和节点可用页面坐标的坐标值描述。简而言之,可以将矢量图形看作是计算机存储的一组数学公式,或存储了相关数学函数的参数。

例如:在计算机上用图形处理软件画了一个圆形,计算机在存储时并非像图像文件存储那样,对圆上每个坐标点颜色都进行存储,而一般只记录圆心坐标、圆的半径、圆内填充以及轮廓的色彩信息即可。圆心坐标、圆的半径属于图形的形体特征参数,圆内填充以及轮廓的色彩信息属于图形的属性参数。

由于图形的形体特征是用坐标值来描述和定位的,所以坐标系统的选择和转换计算在图形数据的处理、存储和传输中非常重要。图形形体特征信息在不同的设备之间传输,其实质是描述图形的几何形状坐标值在不同坐标系统中转换。数字印前常使用页面坐标作为描述图形的坐标系统,原点在页面的左下角,单位可以根据选择分别为磅、厘米或英寸。

2. 图形的属性参数

计算机描述一个图形,除了上述对几何形状的描述外,还必须对几何图形的颜色线型、填充图案、符号、笔宽、图层、叠印关系等进行定义和说明,这些统称为图形的属性参数。

属性参数是非几何定位参数,例如颜色、线型和大小等。在绘图软件程序中,常采用的描述方法是为每个输出图形扩充相关的属性表来包含合适的属性。例如,直线除了端点坐标外,还包含有颜色、宽度、线型等其他属性参数。下面以线条的属性为例说明图形的属性参数的应用。

如图 2-24 所示是线条的数字描述记录,序号即线条的 ID 号,后面记录了线条由几个子线构成,并记录线条节点的坐标值。线条的属性参数包括线型、线宽、线条颜色等,可以看出线条的属性参数都是与再现显示相关的参数。

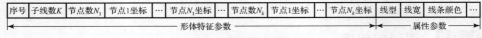

图 2-24　线条的数字描述记录

1) 线型属性
包括实线、虚线和点线等。线条再现显示的过程中,沿构建的路径按照一定的规律着色/不着色,即可以生成各种类型的线型。

2) 线宽属性
在线条再现显示的过程中,沿构建的路径按照线宽属性的规定像素着色。

58

3）颜色属性

在线条再现显示的过程中,沿构建的路径按照颜色属性的规定颜色着色。

3. 数字印前图形的创建

正因为图形在计算机内是以形体特征参数(几何坐标参数)和属性参数分别描述的。所以,印前图形软件处理图形的过程可以分为两个阶段:

(1)首先利用构建路径的工具构建图形的路径(路径为创建的待着色的任何线条或形状)。如图 2 - 25 所示,在屏幕上构建的同时,图形的形体特征参数就记录在相应的图形文件中。

图 2 - 25　图形路径的构建

(2)然后进行路径的着色处理,如图 2 - 26 所示,着色处理的过程中,要确定该路径着色的宽度、线型、颜色。利用图形软件的各种菜单命令和面板选择,可以在屏幕上按照事先的设计对路径着色,在屏幕上着色的同时,图形的属性参数也就记录在相应的图形文件中了。

图 2 - 26　图形路径的着色

同样,根据存储的图形形体特征参数和属性参数,计算机也可以将该图形在屏幕上显示出来。

2.4.3　图形处理软件

数字印前常用的图形处理软件主要有 CorelDraw 和 Illustrator 等。基于矢量的图形软件最适于创建简单的画稿或用于创意文字的处理。图形软件是以描述点、线、面、体的数据结构为处理对象,其典型的基本功能如下。

(1)各种基本的图形元素的生成,包括点、各种直线和曲线、各种基本图形(圆形、矩形、多边形等)。利用这些基本元素,通过拼接、成组、三维化等功能形成复杂的平面形状和立体图形。

(2)对边框和封闭的区间进行着色和填充处理的功能和文字排版功能、美术字特效处理功能。

（3）对页面上的各种图形对象的管理工具,对图形上任何一个线段或者形体都可以独立索引和分层管理。

（4）图形软件与组版软件的基础数据结构,都是建立在页面矢量描述的基础上的,所以图形软件和组版软件的功能正在相互接近。但专业图形软件具有更多的灵活性,更适合自由度大的文字排版设计。

2.5 文字处理

印前文字处理是指利用文字信息处理系统对文字进行录入,并根据版面设计的要求,组成规定版式的工艺过程。

2.5.1 文字处理的主要内容

首先确定合适的字体、字号、行距、字距、版式等,然后依据这些确定好的要求将文字原稿上的文字排列组合。

1. 选择字体

字体是具有相同形态风格的文字或图形符号的集合。不同的字体代表不同的风格,因此在排版时酌情选用不同字体对印刷品的外观和质量有重要作用。常用于中文教材、书刊或正式公文的汉字字体有宋体、黑体、楷体、仿宋体等,而广告、包装设计、各种产品标签常使用的字体有隶书体、魏碑体、姚体和美术体等。

2. 选择字号

文字排版时,要根据内容、版式选用大小适当的文字进行组合。不同的排版方法,表示文字大小的规格单位是不同的。常用计量文字大小的方法有号数制和点数制,国际上通用点数制,中国现在采用的是号数制为主,点数制为辅的混合制。

国内文字的号数制是从活字排版印刷沿袭而来的,虽然活字排版已被计算机录入代替,但活字对字体大小的定义仍被沿袭到计算机排版对字体的定义上。号数制字号的标称数越小,字形越大,如四号字比五号字大,五号字又要比六号字大。

外文字体大小主要采用点数制,1 点即 1 磅(point, pt)等于 1/72in,即 0.35146mm,点数越大,字形越大。点数制与号数制的对应关系如表 2-2 所列。

表 2-2　号数、点数制尺寸对照表

序号	号数	点数/pt	尺寸/mm	序号	号数	点数/pt	尺寸/mm
1	初号	42	14.82	9	四号	14	4.94
2	小初	36	12.70	10	小四	12	4.23
3	一号	26	9.17	11	五号	10.5	3.70
4	小一	24	8.47	12	小五	9	3.18
5	二号	22	7.76	13	六号	7.5	2.56
6	小二	18	6.35	14	小六	6.5	2.29
7	三号	16	5.64	15	七号	5.5	1.94
8	小三	15	5.29	16	八号	5	1.76

3. 版面设计与排版规格

排版之前,设计人员需进行版面设计。以书刊为例,主要设计内容有:版面的大小;各级标题和正文的字体和字号;页边距、行间距以及段落和章节之间的距离;插图的位置以及是否有书眉和脚注等。并绘制出所设计的版面格式,排版人员根据版面设计的要求进行操作。

2.5.2　文字处理的基本原理

在计算机出现之前,印刷主要采用传统的活字字模来完成,这种方式工艺复杂,成本高、效率低、技术含量低。随着印刷技术进入光与电的时代,印前文字处理采用照相排版的方式来完成。目前印前文字处理已进入计算机文字处理的信息化时代,即采用计算机软硬件系统进行数字印前文字处理。

数字印前文字排版是指使用数字印前系统进行文字输入、编辑排版以及制版输出的技术和方法,是当今印前文字信息处理的主流方式。数字印前文字排版涉及计算机软硬件方面的诸多知识。对于印前文字信息处理而言尤为重要的有三点:文字的录入方法、文字的编码技术和字库技术,其中录入方法解决的是文字信息的输入问题,编码技术解决的是文字信息的存储与管理问题。字库技术解决的是文字信息的输出问题。如图 2-27 所示。

图 2 – 27　文字信息处理的相关技术

　　文字尤其是中文,每个字符实质上就是一个复杂的图形符号。若从文字输入时就按图形的方式描述处理,即便是一页文字,其处理的工作量也很大。计算机处理文字的方法是输入时将文字信息编码,即用一个固定的代码代表一个字母或一个文字字符,如英文以一个字母作为文字处理单位,对 26 个字母逐个地确定代表数码,汉字一般以一个整字作为文字信息处理单位,需要对每一个整字确定唯一的代表数码,这些数码统称为代码。计算机中处理的是文字的代码。文字信息编辑排版完毕,再通过代码调用字库中相应的字母或文字字符原形进行可视化输出。

1. 文字的键盘输入

　　键盘输入法是最常见的文字输入法。通过键盘把输入的每个文字字母、数字、各种符号和文字字符转换成它们所对应的代码,供计算机处理。目前使用的汉字键盘输入法可以分为五类,如图 2 – 28 所示,其中音码和形码中的五笔字型为最常用的键盘输入法。

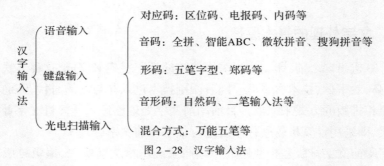

图 2 – 28　汉字输入法

1)音码输入法

　　音码输入法以汉字的拼音作为输入依据,这类输入法很多,如智能 ABC、微软拼音、搜狗拼音等。音码输入法的优点在于不需要特殊记忆,只要会拼音,按拼音的方式敲击键盘上的各键,就可以输入汉字,符合人的思维习惯。

　　音码输入法的缺点有:同音字太多,重码率高,输入效率低;对用户的发音要求较高;难以处理不认识的生字。这类输入方法非常适合普通的计算机操作者,应用非常广泛,但还不能很好地满足专业印前处理人员高效录入文字的需求。

2)形码输入法

形码输入法以汉字的字形(笔画、部首)作为输入依据。汉字是由许多相对独立的基本部分组成的,例如,"好"字是由"女"和"子"组成,"助"字是由"且"和"力"组成,这里的"女""子""且""力"在形码输入法中称为字根或字元。形码输入法是字根(或字元)对应键盘上的某个单键,再由数个单键组合成汉字的输入方法。最具代表性的形码输入法为五笔字型,如图 2 - 29 所示就是"五笔字型"字根键位图,每个字按拆分后的字根敲击相应的键,即可输入该字。其他形码输入法还有郑码、表形码等。

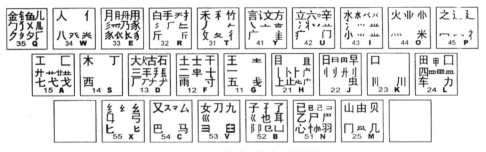

图 2 - 29　五笔字型键盘字根总图

形码输入法的优点是重码少,不受方言干扰,经过一段时间的训练,输入的效率会很高。缺点是需要记忆的东西较多,长时间不用会忘掉。

2. 文字的编码处理

计算机只能处理"0"和"1"组合而成的数字,要实现计算机对汉字的存储和管理,就必须用数字去代替汉字。按一定的规则为每个汉字赋予唯一的数字代码以实现汉字的计算机管理的技术称为汉字的编码技术,或称为汉字的编码标准(规范)。

自 1980 年以来,我国的标准化组织陆续颁布了一系列汉字的编码标准和规范,主要标准如下:

(1)1980 年:GB2312—1980《信息交换用汉字编码字符集——基本集》。

(2)1990 年:GB12345—1990《信息交换用汉字编码字符集第一辅助集》。

(3)1993 年:GB13000.1—1993《信息技术 通用多八位编码字符集(UCS)第一部分:体系结构和基本多文种平面》。

（4）1995 年：《汉字内码规范（GBK）》1.0 版。

（5）2000 年：GB18030—2000《信息技术 信息交换用汉字编码字符集基本集的扩充》。

（6）2005 年：GB18030—2005《信息技术 中文编码字符集》。

（7）2022 年：GB18030—2022《信息技术 中文编码字符集》。

为了实现世界上多种语言文字的统一表示、存储、处理、传输和交换，国际上相关组织也一直在致力于多语言文字的统一编码技术研究。1984 年，国际标准化组织 ISO 成立了专门的工作组，并于 1993 年公布了 ISO/IEC 10646.1—1993，即《通用多八位编码字符集（UCS）》。1991 年成立的 Unicode 联盟于当年与 ISO 达成协议，采用同一编码字符集。

此外，中国台湾地区还颁布了 BIG5 编码方案和 TCA—CNS11643 编码标准。

在以上编码标准（规范）中，GB 2312—1980、GBK 和 GB 18030—2022 在目前的汉字信息处理中应用最为广泛，表 2 - 3 就是 GB 2312—1980 编码规范的其中第 16 区的编码。GB 2312 将代码表分为 01 ~ 94 个区，每个区又分为 94 位，任何汉字或符号均用它所在的区和位来唯一确定，如"啊"字，在 16 区，区码为 16，从图中可以看到位码是 01，所以"啊"字对应的区位码为"1601"，"按"对应的区位码为"1620"。

表 2 - 3　GB 2312 的区位编码表（第 16 区）

	0	1	2	3	4	5	6	7	8	9
0		啊	阿	埃	挨	哎	唉	哀	皑	癌
1	蔼	矮	艾	碍	爱	隘	鞍	氨	安	俺
2	按	暗	岸	胺	案	肮	昂	盎	凹	敖
3	熬	翱	袄	傲	奥	懊	澳	芭	捌	扒
4	叭	吧	笆	八	疤	巴	拔	跋	靶	把
5	耙	坝	霸	罢	爸	白	柏	百	摆	佰
6	败	拜	稗	斑	班	搬	扳	般	颁	板
7	版	扮	拌	伴	瓣	半	办	绊	邦	帮
8	梆	榜	膀	绑	棒	磅	蚌	镑	傍	谤
9	苞	胞	包	褒	剥					

3. 用于输出的文字字库

利用汉字的编码技术,可以解决汉字在计算机中的存储与管理问题,但是无法进行显示和输出,这时就需要借助字库技术。字库技术是在计算机环境下描述每个文字的形状,以实现文字的显示与输出的技术。根据文字形状描述方式及字库用途的不同,目前常用的中文字库可分为两大类:图像类描述方式的点阵字库和图形类描述方式的曲线字库。

1)点阵字

点阵字库采用栅格点阵来记录各个字的字形,每一栅格点以一位(0 或 1)表示,有笔画经过的栅格点表示为 1,无笔画经过的栅格点表示为 0,如图 2 – 30 所示。

点阵字库的优点有:①易于组织与管理,字库中所有的字都采用相同大小的栅格点阵表示,组织方法简单且完全一致;②还原速度快,由于点阵字的组织方式简单,所有的字几乎无需处理就可以在设备上显示和输出。

当然,点阵字的缺点也是明显的:①数据量大;②质量不高;③不适于进行缩放、旋转等操作,放大时会出现明显的边缘锯齿,而缩小时又可能出现笔画缺失。

2)曲线字

曲线字如图 2 – 31 所示,主要有常用的 TrueType 字库和 PostScript 字库。TrueType 字库是 Microsoft 公司和 Apple 公司于 1991 年联合推出的按图形曲线轮廓方式描述的字库(Windows 系统目录下存储的".ttf"文件即为 TrueType 字库),主要目的是用于屏幕显示和打印输出;PostScript 字库(简称 PS 字库)是Adobe 公司推出的按图形的曲线轮廓方式描述的字库(Windows 系统目录下存储的".otf"文件即为 PostScript 字库),主要目的是用于印刷专业输出。与TrueType字库相比,PS 字库的精度更高。

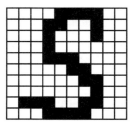

图 2 – 30　点阵字

图 2 – 31　曲线字

2.6　排版与拼大版

排版又称为组版(在书刊印刷中,一般称为排版)是指将图文按照出版物所要求的版面布局组合形成单页,单页的页面尺寸与成品书刊或画页相同,排版后的文件称为单页文件(Page File)。拼大版特指依据印刷幅面、单页开数、装订方式以及印刷幅面的最大利用率规则将多张页面整合成为能上印刷机的大版,拼大版后的文件称为大版文件(Sheet File)。

2.6.1　数字排版技术

页面的三类要素,即文字、图形和图像,是使用不同的软件和设备采用不同的方式采集和处理的,排版是将这三类页面要素按照事先设计的版式组合在一个页面上,它包括在文字采集过程中,按照版式排布文本和在专门的排版软件中的页面图文混排,排版的阶段性产品是一组图文合一的单页页面文件。

1. 排版基础知识

排版指按照设计好的版式排布图文,版式设计则需要首先确定出版物的成品尺寸,图文排版是在确定的规格尺寸内进行的。

1)纸张的规格和开数

页面尺寸是依据印刷品要求来确定的,同时受制于生产的纸张大小。一张按国家标准分切好的平板原纸称为全开纸,在以不浪费纸张、便于印刷和装订生产作业为前提下,页面尺寸系列对应于把全开纸进行依次等面积裁切后获得的尺寸系列,在我国称为开数。开数系列中包括全开、对开、四开、八开……由于国际国内的纸张幅面有多个不同系列,因此虽然它们都被分切成同一开数,但其规格的大小却不一样。装订成书后尽管它们都统称为多少开本,但书的尺寸却不同。在实际生产中通常将幅面为 787mm × 1092mm 的全张纸称为正度纸;将幅面为 889mm × 1194mm 的全张纸称为大度纸。

表 2−4 是 ISO 国际标准纸(印刷成品、复印纸和打印纸)的尺寸,类别 0 表示全开;1 表示对开;2 表示四开……

我国国家标准中规定的纸张尺寸均为造纸厂的纸张出厂尺寸,即原纸尺寸。对单张平板纸而言,印刷前要将原纸四周裁切成光边后才能使用,787mm × 1092mm 的原纸尺寸,经裁切成光边后的印刷基本尺寸为 780mm × 1080mm,表 2−5是该纸系列开数的尺寸。

表 2 - 4　标准开本及尺寸

类别	A 系列/mm	B 系列/mm	C 系列/mm
0	841 × 1189	1000 × 1414	917 × 1297
1	594 × 841	707 × 1000	648 × 917
2	420 × 594	500 × 707	458 × 648
3	297 × 420	353 × 500	324 × 458
4	210 × 297	250 × 353	229 × 324

表 2 - 5　780mm × 1080mm 纸张开本及尺寸

开本(二分法)	印刷纸张尺寸/mm	开本(三分法)	印刷纸张尺寸/mm
对开	540 × 780	3 开	360 × 780
4 开	390 × 540	6 开	360 × 390
8 开	270 × 390	9 开	260 × 360
16 开	195 × 270	12 开	195 × 360
32 开	135 × 195	18 开	180 × 260
64 开	97.5 × 135	24 开	180 × 195
—	—	48 开	97.5 × 180

　　在有些情况下,全开纸张可以进行三分法的裁切,如图 2 - 32 所示,也可以根据用户的需要进行裁切,没有固定的格式。

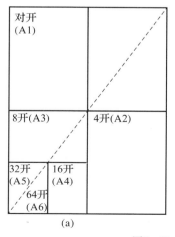

(a)

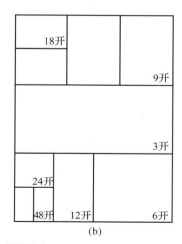

(b)

图 2 - 32　纸张开本

2）版面结构

版面是指在书刊、报纸的一面中图文部分和空白部分的面积总和,即版面是由空白部分和版心部分组成的,排版一般只在版心内进行。如图2−33所示为书籍版面结构示意图。书籍的版面构成要素主要包括如下几部分:

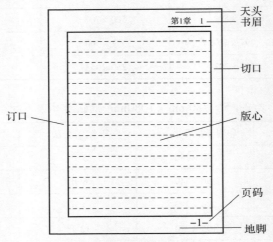

图2−33　书籍版面结构示意图

（1）版心:位于版面中央,排有正文文字的部分。版心的尺寸取决于版心的4个参数,即正文字号、每页行数、每行字数和行间距离,这4个参数一经确定,版心大小也就确定了。版面上的页码和书眉排在版心之外。

（2）书眉:排在版心上部的文字及符号统称为书眉。通常是由为篇章检索提供的标注文字和页码以及书眉线组成。

（3）页码:书刊正文的每一页都排有页码,页码可以根据需要统一排布在版心下方的正中、右下角或便于查询的其他位置。

（4）注释(又称注文或注解):是对正文内容或对某一字词所做的解释和补充说明,排在每页下面的称为脚注;除此,排在字行中的称为夹注;排在每篇文章之后的称为篇后注;排在全书后的称为书后注。在正文中标识注文序号的编码或标记称为标码。

3）排版内容和基本规则

排版内容包括在文字录入过程中首先完成的文字初排和按照版式的要求将原先分开处理的文字、图形、图像三要素混排组合在某一固定规格的页面上。排版的主要内容如下。

（1）封面的拼排,要以原稿作依据,原稿上一般包括封一(封面)、书脊、封四(封底)三个部分。书脊是联结封一、封四的脊部,一般排封面先从书脊着手。

书脊的厚度决定了书脊要不要排字和书脊字的大小。通常以52g胶版纸为准来计算书脊厚度,即以100页3.5mm计,其计算公式:书脊厚度 = 页数 × 3.5/100(mm)。正文在80页以内的一般不排书脊字。

(2)标题的排版以层次分明、美观醒目为原则。层次分明指标题应该分级明显。根据文章或书刊内容的需要,标题分为一级标题、二级标题……通常不超过五级。每级标题采用不同的字体或字号进行区分,第一、二级标题排版以居中排为多。美观醒目指标题要注重字体字号的选择,标题的字号要根据版面大小和标题的级别选择,版面大则选择字号大,不仅各级之间有明显的区分,还要与正文明显区分。标题的排版还应该考虑标题与正文之间的距离,通常为"上大下小",即与上部的正文之间的距离是与下部正文之间距离的1.5倍。

标题排版中的常用规则有:①图书的篇、章标题另页起,图书的前言、序、篇标题、章标题应该被排在页码最开始的起排位置;②标题中可以有标点符号,但是题末不允许加标点符号;③标题禁止排在页末。

(3)正文与书眉的排版,对于文字版式设计,主要是针对文字的排列形式进行全版的布局设计,所以文字排版的主要内容涉及的基本参数为版心参数、字体字号和行间距离。排版利用不同的参数组合可以设计出不同开本大小、不同风格的图书版式。

图书的正文一般使用五号字。版心的尺寸与图书的开本相关。版心周围的空白部分通常设置为上宽下窄、左宽右窄(左边有订口)。正文的行距通常设置为一个字的1/2以上,但是也不宜过大,行距超过了一个字高不仅显得松散,而且使版面文字的容量减少1/3~1/2。

正文排版还可以选择通栏或分栏格式。通栏指每行字数与版心同宽,一页中只有一栏;分栏指在一段或一页正文中将版心的宽度分成两栏以上。开本较大的图书多采用两栏的格式,这样可以克服因横排较长造成视觉上的阅读不便。

在正文中的主要排版规则有:①除特殊格式(如悬挂缩进)外,每段首行必须空两格;②每行之首不能是句号、分号、逗号、顿号、冒号、感叹号或引号、括号等的后半个,而行末不能排引号、括号等的前半个;③排版的过程中做到"单字不成行,单行不成页",即排版遇到段落末尾为一个字一行,或文章末尾一行字一页的情况,应该做特殊处理,设法将该单字或单行缩掉或增加字数或行数。

不是每本图书都需要书眉。书眉的作用是便于读者随时掌握所翻阅的章节内容,同时可以起到装饰版面的作用。书眉的字体应该与正文区分,字号小于正文1号为佳。位置在版心之上的天头部分或版心之下的地脚部分,可以用书眉线与正文之间隔开。

(4)目录的排版,目录反映了全书的内容结构,及各章节所在页码,以引导读者阅读。排目录时要注意内容要与标题完全一致,所在页码与标题之间要用"三连点"连接起来,且不得少于两个。若有作者署名,署名需在页码之前并加空一个字,如图2-34所示。

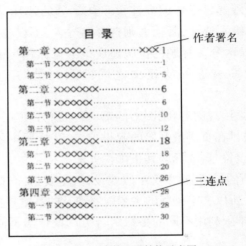

图2-34　书籍目录结构示意图

页后注的排版与脚注基本相同,区别是将左、右两个版面的注文集中排在右页正文的下方,即单页码的下方,这样既可以保持阅读的连续,又方便注文的查阅。

篇后注是将所有注文排在该篇或者这一章节的最后,版面比较完整,但阅读不太方便。

书末注则将注文内容集中排在全书的最后,读者阅读时需要翻页看注,阅读不太方便。

(5)插图的排版,书刊版面中的插图应该配有图题,图题由图名和图号组成。图名一般不长,中间可以有逗号、顿号等形式,图名的末尾不应该有句号。图号也叫图序、图码,是书刊中插图的顺序编码。有的插图还有图注,图注是图片的文字注释,用以说明插图的各部分名称或内容。图题安排在图的下方正中为佳,与下面正文之间的距离为正文字号的1~1.5倍,通常使用与正文相同或者小1号的字号。

考虑阅读方便和版面美观两个方面,插图的排版规则包括2项要求。①先见文,后见图。因为读者的正常阅读顺序,是先读到文字内容,再看相关的插图,两者相互呼应。②图文紧排,插图随文走。为了阅读方便,插图与相关的正文应该安排在同一页上,之间距离不可太大。实在无法排在同一页时,也应做到排在同一对页中(当把书刊平摊开阅读时,双页码在左、单页码在右,同处在一个平面上,形成一个对页),使阅读时不会出现翻页看图的别扭现象。尤其要注意插图应在本章节中排放,不应把插图排放到下一章或者下一节中去。

按书刊排版的惯例,当插图或插表的宽度超过版心的 2/3 时,可以通栏居中排,周围不安排文字,在生产中称为不串文;宽度小于 2/3 时,则要在插图的旁边安排正文文字,称为串文。串文时,图与正文之间的距离一般为正文字号的 1～2 倍。

(6)表格的排版,对应于插图要有图题,表格也必须有表题,表题由表名和表号组成。表名一般不长,中间可以有逗号、顿号等形式,表名的末尾不应该有句号。表号是书刊中表格顺序的编码。与图题不同的是表题位于表格的最上部。

表格排版的基本规则主要有 3 项。①表格的位置应该紧接在有关文字之后,尽可能排在同一页面上。②表格内的文字应该尽量上下左右对齐。尤其是数字,可以以个位或小数点为基准对齐。③表格内容若一页排放不完,可转下页,此时一定要注意重复排表头,其字体字号与前面的表头一致,并加"续表"两字,以方便阅读;同时前面的表格往往不排底线,以示表格未完,续表结束时排出底线。

2. 排版软件及其常用功能

在数字印前工作流程中,排版是由专门的排版软件完成的。市面上的排版软件很多,常用的有 Adobe 公司的 Indesign 排版软件、方正的飞腾(FIT)排版软件和 Quark 公司的 QuarkXpress 排版软件。

排版软件的主要功能是将原先分别采集和处理后的文字、图像和图形按照版式的设计组合成单页电子文档。所以排版软件必须具备:版式设计的功能;将文本(包括表格)、图像和图形文件从原先的各类采集处理软件中导入的功能;对导入后的文本(包括表格)、图像和图形进行编辑、剪切、移动、旋转、放大和缩小等一系列与排版目的相关的操作功能;将版面各要素定位到版式确定位置的功能;将排版后的电子文档输出的功能等。不同的排版软件由于出自不同的公司,面对不同的用户群,可能在软件的细节上会有所不同,但是主要功能是一样的。

排版操作流程包括以下内容:新建文档并确定版式框架→导入并处理文本→导入并处理图像→导入并处理图形→存储文件与输出打印。

2.6.2 数字拼大版技术

印刷机的印刷幅面通常为8开至全开,图文混排的单页还必须按照一定的规则组合成印刷幅面大小,这样才能制作印刷版。在印刷生产中,这一过程称为拼大版。

1. 拼大版基础知识

拼大版首先考虑的是单页开数和大版幅面,有了这两个已知条件,才能计算如何在大版版面上排布单页。由于印刷工艺的需要,拼大版还应考虑的因素有印刷后的折页方式、装订时的页面排序、印刷控制条的位置、版面各种规矩线的位置等。

1)大版的版面规格

拼大版是以印刷纸张尺寸为基准进行的,印刷后未经裁切的一张印刷品称为一个印张。它包括印刷品成品尺寸加上印刷机咬口尺寸、拖梢尺寸和角线等各种标记的尺寸,如图2-35所示,折叠之后的印张称为书帖。

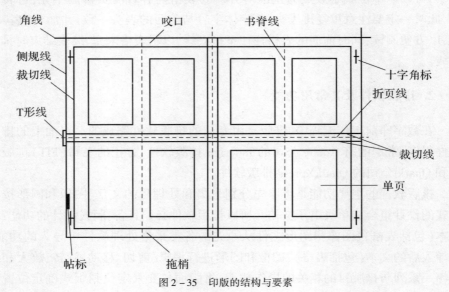

图2-35 印版的结构与要素

(1)书脊线。书帖中用于装订一侧的折线。

(2)裁切线。书帖中除了书脊线所对应的书脊边无需裁切外,其他三面都需要进行整齐的裁切称为"光边"。所以在拼大版中,凡是将要光边的部位都应该事先预留光边尺寸,通常为3mm。

（3）咬口尺寸。供纸张在印刷机上交接传递时的咬牙空留的尺寸，此范围内的印刷内容是无法正常转印到纸张上的，所以在咬口范围内不能有印刷内容。不同型号的印刷机的咬口范围略有不同，单张平板纸印刷机的咬口一般在10mm 左右。

（4）拖梢尺寸。咬口对面是拖梢，一般预留 5mm。印版的另两边（横向）一般也各预留 5mm 的空白，我们可以把角线、十字线、色标、测控条及文件的有关信息放置在这个范围内。

2）拼大版版面拼排的影响因素

拼大版版面拼排操作在考虑印刷幅面和单页开数的基础上，还应考虑的影响因素有折页方式、装订方式、印刷方式等，它们都对印刷大版上单页的排列方式和位置有影响。

（1）折页方式。

折页是指将印张按照页码顺序折叠成单页开本大小的书贴。印张在折叠成单页的过程中，折叠方式不同，拼大版中单页的摆放次序和单页本身的上下朝向就不同。常用的折页方式见 5.2.1 节折页。

（2）装订方式。

装订方式不仅影响拼大版时单页的排序，对单页在大版中的位置也有一定的影响，装订方式比较多，现以常用的胶订（Perfect - Bound Binding Style）和骑马订（Saddle - Stitched Binding Style）为例介绍其影响。

胶订是书刊印刷中最常用的装订方式，平装书大多按这种方式制作，它是将每个印张经过折页后形成单帖，再按图 2 - 36 将书帖的订口边对齐，上下摞在一起，对一本书刊的书帖进行组装。如果使用热熔胶黏连的工艺，则先使用铣口工艺打毛订口，然后上胶、贴封面，最后形成平装书。另外，也可以使用铁丝订或锁线方式完成帖的组装。分析这种装订方式可以知道，一个书帖内单页系列的排序只与自身的折叠方式相关，书帖与书帖之间的系列排序是串联的关系。由于帖的组装过程中往往要对订口边铣背打毛，所以在拼排的过程中要预留出 4mm 左右的余量。

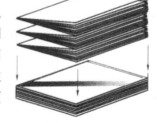

图 2 - 36　胶订

骑马订通常用来装订厚度有限的小手册和杂志等印刷品，它是将每个印张经过折页后形成单帖，再按图 2 - 37 将各帖的最后一折打开，以最后一折的折缝为基准"骑"摞在一起，将一本书刊的所有书帖用铁丝订组装在一起。分析这种装订方式可以知道，由于书帖是"骑"在一起的，因此各帖的页码顺序是以最后一折的折缝为界，左右分别排序，所有书帖的左半部分单页排序之后,再接右半部分的单页排序。

拼大版时应当注意"爬移"量的设置,"爬移"指因纸张厚度,导致折页后的书帖内层的书页向折缝相反方向轻微移动的现象。如图2-38所示,书帖内层的页面被微微向外推出一个纸张厚度的距离,形成边缘凸出的现象。装订后裁切毛边的处理,虽然能裁切去除突起部分,但是会因光边的尺寸不一样,导致书帖上单页的左右页边距不等,所以,胶订和骑马订的装订方式在拼大版确定单页的准确位置时,通常要考虑"爬移"影响。

图2-37 骑马订

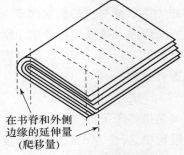

在书脊和外侧
边缘的延伸量
(爬移量)

图2-38 爬移现象和爬移量

(3)印刷方式。

若拼大版时,大版的咬口和拖梢空留不同尺寸,印版就会因上下两边的尺寸区别而不对称。此种情况下,要达到一个印张的正反两面印刷内容的套合,就应考虑大版上机印刷的方向,考虑一个印张的正反两面对应的两块大版拼排的方向,而不能仅考虑一块大版自身内容的拼排。

下面介绍几种常用的印张正反面大版的拼排方式。

套版印刷是最常见的印刷方式,它使用两套印版分别印刷一个印张的正反两面,印刷的方式是正面印完以后,印张以印刷的行进方向为中心轴左右翻转180°,再使用对应于印张反面内容的印版完成印张反面的印刷,如图2-39所示由于印张的正反面两次印刷过程中使用了同一位置为咬口位置,因此只要使用同样的尺寸进行拼大版就可以保证印张正反两面的套合。

图2-39显示了一个套版印刷的正反两面单页的排序,正反两面共有16个单页,单页中的数字表示了单页的页码。

自翻印刷方式的印刷过程与套版印刷方式完全一样,印张完成正面的印刷之后,以印刷的行进方向为中心轴左右翻转180°,再进行反面的印刷,咬口的位置不变。不同的是用自翻印刷方式印刷的印张,其正反两面的内容是相同的,因此仅需制作一张印版完成正反两面印刷,如图2-40所示是用于自翻印刷的大版上8个单页的排序。

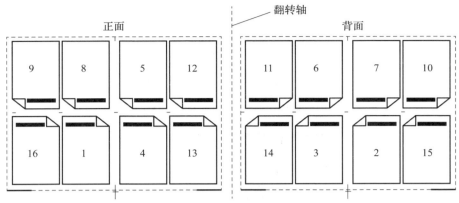

图 2 - 39 套版印刷的正反两面的关系

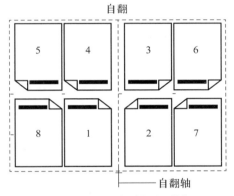

图 2 - 40 自翻印刷的页面结构

　　对翻印刷方式和自翻印刷方式相同之处是印张正反两面印刷使用同一张印版。不同的是印张印完正面后翻转成反面时的方向不一样。印张完成正面印刷之后,以垂直印刷行进方向为中心轴滚翻180°,再进行反面的印刷。这样,咬口的位置是正面印刷时拖梢的位置。所以,印版上的单页排序与自翻不一样,对翻的单页排序如图 2 - 41 所示。

　　双面印刷,具有双面印刷功能的印刷机可以同时安装对应于印张正反面内容的两套大版。印张在完成正面印刷之后,在线通过前后翻转的方式进入印张反面的印刷。印刷反面时纸张咬口位置是正面印刷时拖梢的位置。图 2 - 42 显示了双面印刷印张正反两面的单页排序,单页中的数字表示单页的页码,可看出与图 2 - 39 所示的区别。另外在进行此类印刷方式拼大版时,一定要注意正反面印刷版的印刷内容的套合。

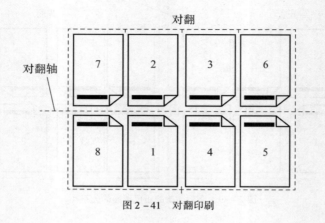

图 2-41 对翻印刷

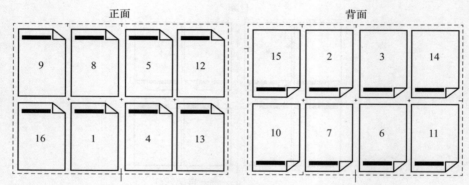

图 2-42 印版正反面的咬口位置相反(以咬口为对翻轴)

　　单面印刷就是印张只需一面印刷,一般用于各种包装印刷品以及海报、招贴画、商业卡片、各种标签和单张地图等。一般这种印品没有折手问题,主要是裁切设计。单面印刷的卡片印张如图 2-43 所示。

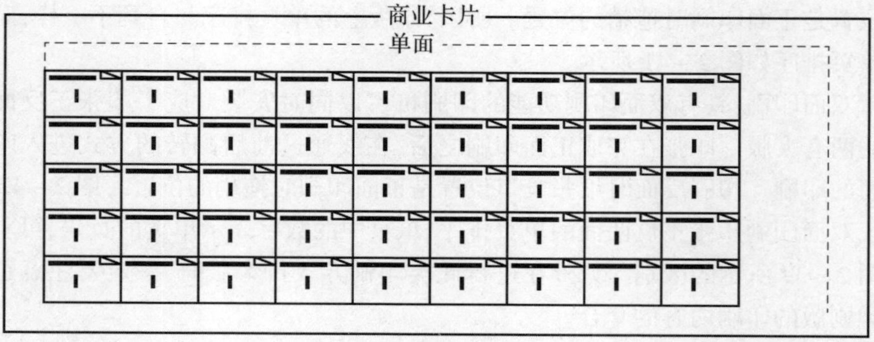

商业卡片
单面

图 2-43 单面印刷的卡片印版

3）大版文件页面的各种标记

拼大版操作除主要考虑版面的单页排序和单页位置外,还应考虑各种标记的位置,常用标记如下。

（1）裁切标记。

裁切标记是使用最多的标记之一,如图 2-44 所示。

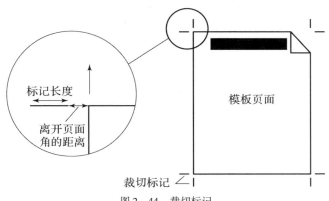

图 2-44　裁切标记

（2）套准标记。

彩色印刷时,每张印版只印一种原色,所有原色准确叠印之后再现彩色图像,供原色叠印的套准标记是必不可少的。各个原色版的套准标记叠印套合准确,彩色图才能准确再现。图 2-45 是常用的套准标记。

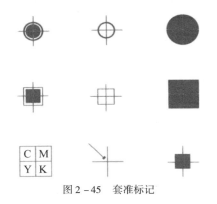

图 2-45　套准标记

（3）帖标。

帖标的作用是供装订时标记每个书帖的排序和位置,如图 2-46 所示。它一般设置在书帖的订口外侧,为实地矩形标记,按照书帖的先后顺序逐渐降低标记的位置,这样在装订组合时就可以在书脊部位形成连续阶梯图案,以指示书帖的排序和数量。

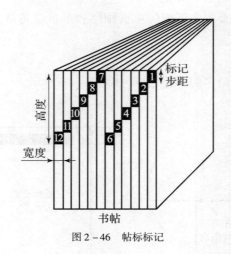

图 2 - 46　帖标标记

2. 拼大版软件及其常用功能

常用的排版软件都具有拼大版的功能,如 Indesign、飞腾、QuarkXpress 等。但是排版软件的拼大版操作都是手动进行,是在计算机屏幕上通过手动移动单页定位至合适的位置进行拼大版,费时费力,操作困难,易出错。数字印刷流程软件也具有拼版功能,如富士施乐的 FreeFlow、Acrobat 软件的 Imposing 插件等,但是由于数字印刷机的印刷幅面不大,该类软件只具备简单的拼版功能,不能称为拼大版功能。拼大版软件专指那些可以自动按照印刷机幅面,依据拼大版规则自动根据折手等要求进行拼大版的软件,如海德堡公司的 Signastation、克里奥公司的 Preps、方正公司的文合等。

拼大版软件的主要作用是在已知各项拼大版影响参数的基础上,计算出待拼排的电子文档所有单页在大版上的准确拼排位置,然后按照计算好的定位将单页和标记放置到大版的数字页面文件中。因此,拼大版软件的主要功能是大版样式设计功能,该功能要求软件能提供大版样式各项影响参数的设置界面,完成影响参数(包括印刷幅面、单页开数、折手方式、装订方式、印刷方式等)的输入后,软件能自动实现大版样式的设计,并可以将电子文档的每个单页和必须添加的标记按照设计好的大版版面样式进行排列组合。

拼大版操作流程包括以下内容:新建拼版任务并确定大版样式→导入单页电子文档并指派页面→存储任务与印刷输出。

2.7 数字印前输出技术

输出是将计算机处理好的文字、图形、图像或页面文件通过各种输出设备以及相应的输出方式形成产品的过程。数字印前常见的输出方式有数码打样输出、胶片输出(Computer To Film,CTF)、直接制版输出(Computer To Plate,CTP)以及直接印刷输出(Non Impact Printing,NIP)。

2.7.1 数码打样输出

打样是印刷生产流程中联系印前与印刷的关键环节,是印刷生产流程中进行质量控制和管理的一种重要手段,目的是确认印刷生产过程中的设置、处理和操作是否正确。为客户提供的最终印刷品的参考样品,称为样张。打样的主要作用有:①检查和校对文字排版、版式、彩色图像复制的质量;②为客户提供与印刷品一致的整版样张,供其认可签字付印,签字认可的样张是批量正式印刷的依据。所以,打样既能作为印前处理的后工序来对印前制版的效果进行检验,又能作为印刷的前工序来模拟印刷进行试生产,为印刷寻求最佳匹配条件并提供墨色的标准。

1. 样张分类和打样方式

1)样张分类

按样张的作用分,可分为设计效果样、校对样、版式及组版样、客户合同样。

(1)设计效果样是在印前设计制作阶段供客户看设计效果的样张。主要看页面的颜色搭配效果及基本设计,可附带用于文字及版式校样。

(2)校对样主要用于文字及版式的修改,由于印前系统最终输出胶片或印版时的设备是 PostScript 语言支持的,为了在输出时不出错,校对样用 PostScript 激光打印机输出最为理想。校对样的主要作用是检查文字有无错漏、页面的图形有无错误、图像的大小及位置是否正确。

(3)版式及组版样用来检查书籍的版式及组版。书籍的印前制作和简单的印刷活件不同,需要进行拼大版输出和检查版面是否正确。因此,需要有一种打样方法检查版式及组版。一般采用打印机输出页面缩略图进行版式及组版打样,将打样结果按照装订方法折叠成书,就可以检查版式及组版是否正确了。

（4）客户合同样用于交付客户签字认可,它是整个印前处理的最终结果,预示了印刷成品的外观,也是随后正式印刷的依据,因此十分重要。通常需要在色彩管理系统的控制下,进行大幅面高精度的输出。

2）打样方式

打样常分为传统机械打样和现代数码打样,现代数码打样按照输出模式可分为软打样和硬拷贝打样,软打样通过计算机显示器显示样张内容,没有实体样张输出。硬拷贝打样是利用各种打印机输出样张,又称为硬打样。没有特殊说明,数码打样一般是指数码硬拷贝打样。常用的打样方式有传统机械打样、数码打样和软打样。数码打样是在数字页面信息正式输出（输出为印版或胶片）之前进行,通过打样检查整个印刷页面准确无误后,再正式输出（输出为印版或胶片）;机械打样是在数字页面信息输出之后进行,先经过图文输出过程得到胶片,然后用胶片晒制印版。

（1）软打样是将数字页面直接通过显示器输出显示的一种打样技术,它可使印刷活件在正式印刷前随时在显示器上进行浏览,以显示器代替纸张等介质。显示器显示直观方便,再现灵活,不需要材料的消耗,是今后技术发展的方向。但计算机显示器显示色域与印刷色域不同,故这种打样不精确。

软打样的关键技术在于屏幕的精确校正和整个系统的色彩管理,其中屏幕校正就是对显示器进行测试和调整,使其特性符合某种状态的设备特征,或产生符合当前工作状态的新的设备特征。色彩管理系统支持显示器色域和打印机与胶印机色域中的颜色之间的相互仿真转换。

（2）机械打样又称为传统打样,其中打样机的工作原理与印刷机的工作原理相同。利用油、水不相溶的原理,通过网点大小来再现彩色图文层次。机械打样配置较为复杂,通常需配有对开和全开的拼版台、晒版机、单色或双色打样印刷机、印刷用反射密度计等设备,数十平方米配有恒温控制的厂房,数名具有一定印刷知识及经验的晒版人员和打样人员。

机械打样的工艺流程:经过印前处理得到数字图文页面数据→输出得到胶片→晒制印版→机械打样→签样→制作印版。

这个过程中涉及两个印版制作:第一个印版制作是打样版的制作,一般用再生版制作,耐印力不高;第二个印版制作是上机印刷版制作,耐印力高。

（3）数码打样是经过印前处理得到数字图文页面数据不经过任何模拟方式处理,以数字方式直接由彩色打印设备（墨水喷绘、色粉激光静电或其他方式）输出样张的打样技术,即由页面（印刷版面）数据直接输出印刷样张。数码打样系统通过彩色打印机模拟仿真印刷色彩和效果来完成打样,替代传统机械打样的冗长工艺流程。

数码打样的工艺流程:经过印前处理得到数字图文页面数据→数码打样→签样→正式输出(输出胶片或印版)。

2. 数码打样系统

数码打样系统主要包括两部分:输出设备和数码打样控制软件。数码打样输出设备是指任何能以数字方式输出的彩色打印机,如彩色喷墨打印机、彩色激光打印机、彩色热升华打印机等。数码打样控制软件主要包括 RIP 驱动、色彩管理软件、拼大版软件、数据管理软件等,主要完成图文的页面解释、数字加网、印刷色域与打印色域的匹配以及页面拼合与拆分、生产流程控制等功能。

1)数码打样系统的核心技术

数码打样要求解释用户提交的作业,并且在打印设备上逼真地模拟印刷效果,因此数码打样技术的核心由两部分组成:PostScript 解释技术和色彩管理技术。PostScript 解释器保证用户的文件能得到正确的解释,并且与最终输出的胶片或印版完全一致,否则打样 RIP 和照排 RIP 之间解释结果的不一致,会产生差异;色彩管理技术保证打样输出结果与印刷输出结果的颜色和效果一致。

数码打样系统通过色彩管理软件进行色彩和各类印刷效果的仿真,再经过打印机驱动程序或 RIP 系统,将印刷输出用的电子文件直接输出到数码打样机,从而获得印刷效果的预期样稿。

2)数码打样类型

(1)按照接收数据类型方式的不同可分为 RIP 前打样和 RIP 后打样。RIP 前打样是指数码打样管理软件直接接收 PS、TIFF、PDF 等页面描述文件,依靠数码打样系统自身的 RIP 解释这些文件,并将其生成的光栅化文件(又称为 One Bit Tiff 文件)用于打样。特点是处理文件的数据量相对小,文件计算速度快,生产效率高。

RIP 后打样也称为网点打样或真网点打样,是指数码打样管理软件直接接收其他系统(如 CTP 或照排机输出系统)的 RIP 所生成的光栅化文件,并基于这些文件进行输出打样。直接使用印刷输出系统(照排机和 CTP)的 RIP 数据在打样机上输出,能够最真实地反映印刷输出版面的全部信息,包括文字、版式、图像、图形及印刷网点结构(网点线数、网点形状与角度)的所有信息,特点是一次 RIP 多次输出,采用与印刷同样的加网数据输出数字样张,保证了色彩、层次和清晰度的一致性。但是由于来自照排机和 CTP RIP 的光栅化文件数据量巨大,在实际生产运用过程中对软硬件要求非常高。

(2)从数字样张的网点形态来区分,可分为真网点数码打样(Screen proof)和普通彩色数码打样(Color proof)。真网点数码打样模拟印刷调幅网点的半色调形态来表达层次,用最接近的网点物理结构来尽量真实地模拟印刷样张的视觉效果。而彩色数码打样则是采用连续调和调频网表达层次,注重强调对颜色的真实复制,而无法满足对半色调微观结构以及相应的细节的描述。

3)数码打样的优势与不足

与传统的机械打样相比数码打样的优势是工艺先进、适应性强、开放性好;速度快、成本低;质量稳定、重复性好;作业方便、可靠性高;适应计算机直接制版技术和系统的要求,并成为不可缺少的组成部分。而机械打样只能用在传统的模拟印刷流程中,无法满足 CTP 流程及数字印刷的要求。

数码打样的不足:数码打样中的专色打样,是将专色用 CMYK 四色表示或固定专色表示,与印刷中用的专色不完全相同;数码打样一般使用调频网点或无网点的染料升华技术,与传统网点的打样稿完全不同;数码打样用的墨水与印刷使用的油墨适性相差很大,它们的色彩匹配程度需进一步提高。

2.7.2　CTF 输出与 CTP 输出

CTF 输出技术是指由激光照排机将数字印前系统生成的数字页面信息用细小的激光光束准确精密地记录在分色片上的过程。之后由分色片晒制印刷用的印版(平版印刷中常用 PS 版)上机印刷。CTF 的工艺流程:印前系统图文处理→打样→校对修改→输出分色片。

CTP 输出技术是指由直接制版机将数字印前系统生成的数字页面信息直接输出到印版的工艺过程,即通过 RIP 将数字页面信息转换成位图点阵信息后,再由直接制版机将 RIP 后的数字页面信息直接输出在印版版材上,经后处理制成印刷用印版。

1. CTF 输出技术

CTF 输出又称为激光照排输出,通常流程:硬件的准备→软件的准备→输出胶片→胶片冲洗加工。

1)硬件的准备

硬件的准备包括输出设备的开机检查和输出胶片的准备,为了使激光照排机能稳定工作,通常需要预热 5~6min。在计算机直接制片工艺中使用的仍然是银盐感光胶片,因此将输出胶片安装到位后,还要检查自动冲洗设备是否能正常工作,显影液和定影液是否已经达到工作的温度要求。

2)软件的准备

软件的准备包括字库的安装、激光照排机的线性化和各种输出参数的设定。

（1）字库的安装。由于 PS 字库不是系统本身自带的字库，所以必须专门购买并安装。字库只需安装一次，一经安装，就可以连续使用。不同厂商生产的 PS 字库在安装时有不同的软件设置要求。

（2）激光照排机的线性化。激光照排机接收的输出指令值（与设备相连的计算机给设备的输入值）与实际输出值的一致性。由于在实际生产中，常常以图表表示，其横坐标是输入值，纵坐标是输出值，若输入与输出值的相互关系呈45°的线性关系，则表明输入与输出值是一致的，因此简称为线性化。激光照排机的线性化是设备校准的重要控制技术，通常是通过对一组面积率等量递增的网点梯尺（图 2－47）输出，测定输出后的网点面积率，反馈给激光照排机后，可自动进行线性化校准。

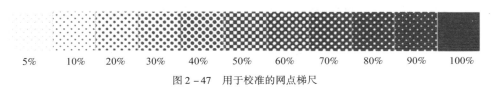

| 5% | 10% | 20% | 30% | 40% | 50% | 60% | 70% | 80% | 90% | 100% |

图 2－47　用于校准的网点梯尺

一般的照排机或 RIP 都提供了线性化功能，有些应用软件也有此功能。照排机线性化的操作步骤有显影条件测定、照排机的曝光量调整、网点大小的线性化。

（3）输出参数的设定。由于 RIP 是控制激光照排机工作的软件，它将印前处理的图文信息转化成为对应于激光照排机输出方式的曝光记录点阵信息，驱动激光照排机曝光输出制版胶片。所以在 RIP 软件中可以最终对输出参数进行设置。输出参数主要包括加网参数（如加网角度、加网线数、网点形状）设置，输出页面设置，阴片还是阳片输出设置，以及与色彩管理有关的设置等。

3）输出和胶片冲洗

软硬件都准备好之后，点击输出指令，在 RIP 的控制下，胶片记录设备开始曝光输出。输出后的胶片，自动进入冲洗机完成显影、定影、水洗并烘干处理。

2. CTP 输出技术

CTP 输出的基本过程与 CTF 相同，包括：硬件的准备→软件的准备→印版输出→印版的冲洗加工。不同的是 CTP 直接输出印版，而且随所使用的感光版不同，直接制版机的类型不同，印版的冲洗加工过程也不同。

CTP 系统由控制输出的软件系统、直接制版机和直接制版版材三大部分组成。软件系统和直接制版机前文已详细介绍，现仅介绍直接制版版材。

CTP 版材是直接制版技术的核心之一，CTP 版材是通过激光扫描的方式在印版上记录影像,因此直接制版版材首先要满足激光扫描记录信息的要求,同时又应具有传统印版版材的制版适性和印刷适性,即应具有高感光度、高耐印力、制版后处理简单等特点。

CTP 版材种类较多,按照成像机理分主要有光敏型 CTP 版材、热敏型 CTP 版材和喷墨型 CTP 版材。

1)光敏型 CTP 版材

光敏型 CTP 版材是指版材带有光敏涂层,用低功率紫外光或可见激光进行曝光,版材表面光敏层通过吸收光量子而产生感光作用成像。根据光敏材料的不同,又可分为银盐扩散型、光聚合型、复合型等。

(1)银盐扩散型版材。

银盐扩散型直接制版版材主要由支持体、感光乳剂层、物理显影核层组成。

成像机理:版材经过激光曝光、显影后,曝光部分的卤化银经过化学显影还原为银,留在乳剂层中,未曝光部分的卤化银与显影液中的络合剂结合,扩散移至物理显影核层,在物理显影核层的催化作用下还原成银,形成银影像,水洗去除非影像部分,稳定处理即由固版液进行亲油化处理,使由银膜组成的图文区域具有稳定的亲油性,即可形成印版图文部分和空白部分,如图 2-48 所示。

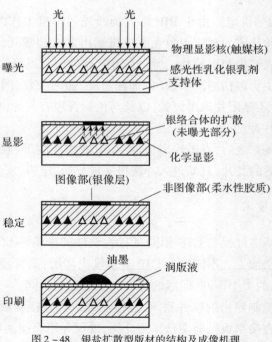

图 2-48 银盐扩散型版材的结构及成像机理

（2）银盐/PS 版复合型版材。

银盐/PS 版复合型版材是常规 PS 版与银盐乳剂层复合而成，即在一般 PS 版上涂布银盐乳剂制成。银盐/PS 版复合型版材由支持体、感光树脂层和卤化银感光层组成。这类版材将银盐乳剂层的高感光度、宽感色范围和 PS 版的优良印刷适性相结合，因此，其印刷适性和耐印力与传统的 PS 版完全相同。版材结构及成像机理如图 2 - 49 所示，需经两次曝光。

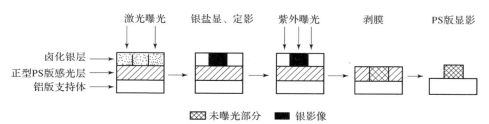

图 2 - 49　银盐/PS 版复合型版材的结构及成像机理

首先利用激光对版材进行第一次曝光，形成银潜影。经显影、定影后，卤化银乳剂层曝光区域形成银影像层；该银影像层是第二次曝光的蒙版层（起到晒版底片的作用）。接下来用 UV 紫外光对整个印版版面进行第二次曝光（可以用常规晒版的紫外光），PS 版非图文部分见光，感光层发生光学变化，去除乳剂层后，第二次显影时，见光部分溶解，露出铝版基，成为亲水区域，未见光部分保留在版面上，成为亲油区，经过固版液进行亲油化处理，完成印版制作。

（3）光聚合型版材。

光聚合型版材由经过砂目化的铝版基、感光层、保护层三部分组成，多为阴图型版材。感光层主要由聚合单体、引发剂、光谱增感剂和膜树脂构成。保护层的作用主要是将大气中的氧分子隔开，避免其进入感光层，以提高感光层的链增长效率，从而获得高感光度。其结构及成像机理如图 2 - 50 所示，曝光时，感光剂吸收激光能量和引发剂一起产生聚合基团。显影之前，先将未见光部分的保护层洗掉，再用碱性显影液溶解高感光度的高分子层，显影完毕，用毛刷彻底消除保护层。

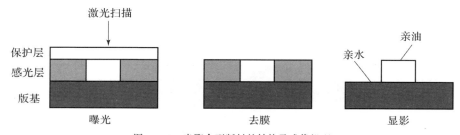

图 2 - 50　光聚合型版材的结构及成像机理

（4）紫激光 CTP 版材。

紫激光 CTP 制版技术由紫激光 CTP 制版机和可用于紫激光曝光的 CTP 版材组成。紫激光 CTP 版材最显著的特征是曝光光源是紫激光（波长 390 ～ 455nm）。用于紫激光 CTP 的版材主要有两类：一类是在原蓝绿激光 CTP 版材的基础上改进的银盐扩散型版材；另一类是高感光度的光聚合型版材。

与其他激光直接制版系统相比，紫激光系统的特点是：紫激光波长短，产生的激光点更细小，可在版材上扫描出更精细的网点；成像速度快，生产效率高；紫激光版材对红光和绿光不敏感，可在黄色安全灯下操作；激光器寿命长，造价更便宜。

光敏版材中银盐扩散型和复合型板材因需化学显影，不利于环保，消耗贵重金属银等特点，发展受到制约；紫激光光聚合型版材因使用碱性显影液污染小、利于环保以及可用紫激光曝光的特点而发展很快。

2）热敏型 CTP 版材

热敏型直接制版版材是使用红外激光的绝对热能进行成像。热敏技术中，临界值是形成影像的关键，临界温度以下，印版不生成影像，临界温度或临界温度以上，印版才生成影像，而且已生成的网点大小和形状不会受到温度的影响，避免了传统工艺中因曝光过度、不足或人为因素导致的网点复制不精确。热敏型 CTP 版材是目前在商业印刷中使用最广泛的 CTP 版材，按成像机理划分可分为热交联型、热熔型、热烧蚀型、热致相变型等。这类版材具有以下优点：

（1）明室操作。热敏 CTP 在波长 830nm 处具有较高的感光度，在可见光范围内不感光，可在明室操作，利于版材保存。这是区别于光敏成像的重要特征。

（2）环保性能好。热敏成像不使用银盐，对环境无污染，无需化学药液冲洗或免冲洗。

（3）印刷适性好。影像稳定、网点增大不明显，热敏只在临界温度和临界能量时才会成像，成像精确，网点边缘清晰。如图 2 - 51 所示为热敏与光敏版材再现网点的比较，光敏版材由于保护层会使曝光光束扩散导致解像力下降，而热敏版材光束直接照在感光层上，不受保护层影响。而且，热敏版材印刷稳定耐印力高。

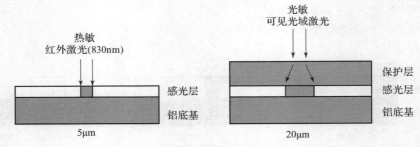

图 2 - 51　热敏与光敏版材再现的网点

（4）操作简单易用，设备种类较多、维护成本低。由于大多数热敏版材的敏感波段都为 830nm，所以只要制版机采用 830nm 激光光源，在选择版材时，易于配型，有较大的选择余地。

热敏型版材结构和成像机理如下：

（1）热交联型版材。该版材结构简单，基本与普通 PS 版相同，是在经过砂目处理的铝版基上涂布一层热聚合材料，然后在其上涂一层保护层。成像机理是：曝光的图文部位，热聚合物发生交联聚合反应，形成不溶于显影液的高分子亲油化合物，显影处理后仍然留在版面成为亲油的图文部分；而未曝光部位，材料本身因没有发生聚合反应，可以溶于显影液，露出亲水的铝版基表面，形成亲水的非图文部分。有些版材为了进一步提高热交联的效果，曝光后还要对版材进行预热处理。其版材结构和成像机理如图 2 - 52 所示。

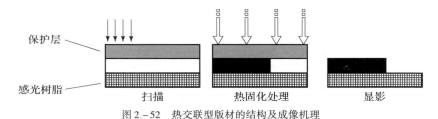

保护层

感光树脂

扫描　　　　　热固化处理　　　　　显影

图 2 - 52　热交联型版材的结构及成像机理

（2）热熔型版材。该型版材的结构一般是在亲水的版基上涂布不溶于碱性显影液且具有亲油性能的感热物质，由光滑且不需要粗化的铝版、热熔材料亲墨层、PVA 层（常规胶印中）或硅胶（无水胶印中）组成。

红外激光扫描曝光时，激光的热能使感热物质发生物理或化学变化，变成可以溶于显影液的物质，用碱性显影液处理版面，除去曝光部分的感热物质，露出亲水的铝版基表面，形成亲水的非图文部分；而未曝光部分的感热物质留在版面上，形成亲油的图文部分。

热熔型成像的版材中，另一种成像方式是：红外激光扫描曝光时，受热部位的热熔材料与版基结合，形成亲墨层，未见光部分可剥离或冲洗掉，不需要显影，属于免处理直接制版版材。

（3）热烧蚀型版材。该型版材是一种免处理版材，即版材在直接制版设备上曝光成像后，不需显影处理，即可上机印刷。由于免处理版材无显影工序，提高了生产效率，节省成本，有利于环保。

热烧蚀型版材一般为双层涂布，涂布的下层是亲墨层，上层是亲水层。曝光时，红外激光能量将亲水层烧蚀去除，露出亲墨层，形成图文。未曝光部分仍然保持亲水性质，为版面空白处，如图 2 - 53 所示。

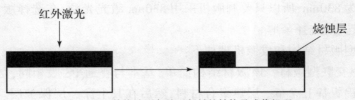

红外激光

烧蚀层

图2－53　热烧蚀型免处理版材的结构及成像机理

热烧蚀型版材的一个典型应用是无水胶印版,该版材采用三层结构,如图2－54所示。由上到下分别为亲水斥油的硅橡胶层、热烧蚀层、亲油层版基。制版时,用波长为1064nm的大功率红外激光曝光,曝光部分热烧蚀层燃烧,其上的硅橡胶层在热量的作用下被汽化而一起被除去,露出亲油的版基;而未曝光部分的硅橡胶则是排斥油墨的。这种版材使用特殊油墨,不用润版液,无水墨平衡,故称为无水印版。

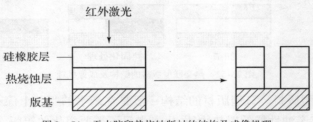

红外激光

硅橡胶层

热烧蚀层

版基

图2－54　无水胶印热烧蚀版材的结构及成像机理

（4）热致相变型版材。该型版材也是一种免处理版材,为单涂布层,其涂布层为亲油性(或亲水性)。曝光后,涂布层产生相变化,转变为亲水性(或亲油性),曝光部分为印版图文部分(或空白部分),曝光后,不需要任何处理可直接上机印刷。

如前所述,热敏版材具有不经过化学处理、耐印力高、网点再现性好、可在明室操作的优点,在CTP技术中占有优势地位,热敏技术中的三类免处理版材备受关注,发展很快。

3)喷墨型CTP版材

喷墨型计算机直接制版利用在普通PS版上涂布一层特殊墨层或者在经过粗糙氧化处理的多孔铝版上,接受并固定喷墨打印油墨(油墨可以是水性墨水溶液、热固油墨或紫外光UV固化油墨)形成的图像和文字,然后经曝光、显影制成印版。其中喷墨形成的图像和文字经加热、干燥处理后为亲油的图文部分,没有油墨的多孔铝版部位为亲水的非图文部分。

喷墨型CTP版对环境无污染,被称为绿色环保产品。用该技术制出的印版文字清晰、图像色彩逼真,其画质比一般激光打印效果好。

　　喷墨版材有两种基本类型。一种是传统的 PS 版,通过在 PS 版的感光层上喷涂能够接受油墨的受像层,对喷墨后的印版进行全面的紫外曝光,使没有喷到油墨影像的 PS 版感光层曝光,然后经过 PS 版显影处理即可去掉这部分 PS 版的感光层,使下面的亲水版基裸露出来称为空白区域。成像机理如图 2–55 所示。另一种是具有优良亲水和保水性能的基材(如未涂布感光涂层的 PS 版铝版基),通过在基材上喷涂特殊油墨形成最终的亲油的图文区域,没有接受到喷墨的区域是亲水的空白部分,如图 2–56 所示。

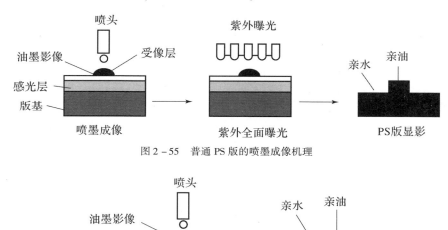

图 2–55　普通 PS 版的喷墨成像机理

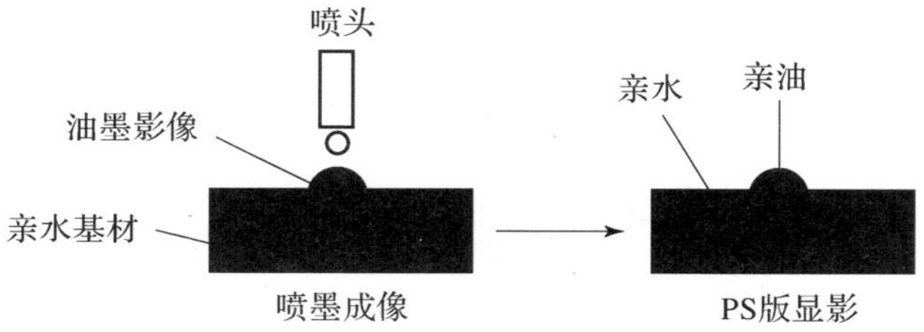

图 2–56　"裸版"的喷墨成像机理

技能训练题

1. 印前的主要工作内容是什么?包含哪几个主要步骤?
2. 数字印前系统由哪几部分组成?
3. 印前系统包括哪些输入设备和输出设备?
4. 印前系统应用软件包括哪几大类?
5. 描述文字大小的方式有哪两种?文字在计算机中采用哪种方式进行存储?

6. 矢量图形和栅格图像的主要区别是什么？

7. 书籍的版面构成要素包括哪几部分？

8. 拼大版时影响版面拼排的因素有哪些？

9. 数字印前输出技术包括哪几种？

10. 印刷中打样的作用是什么？打样方式有哪几种？

原稿、承印物（纸张）、油墨、印版、印刷机械是构成传统印刷的基本要素。作为印刷原材料的纸张和油墨，其成分、性能和印刷适性对印刷质量有着极其重要的影响。充分了解印刷原材料的性能，掌握对它们的适印性处理方法，是获得优质印刷产品的基本保证。

3.1　纸张

纸张是印刷中最常用和最重要的承印物。在印刷过程中，纸张对印刷品质量的影响最大，了解和掌握印刷纸张的固有特性及印刷性能，对印刷具有重要意义。

3.1.1　纸张的组成

任取一张常用印刷纸张，将其撕裂，观察被撕裂后的纸张边缘，就会发现被撕裂后的纸张边缘处出现许多细小的绒毛，并在细小的绒毛上附着了许多粉末状的物质。这些细小的绒毛就是纸张最主要的成分——纤维；粉末状的物质即为纸张中的辅料成分，辅料包含填料、胶料及色料等物质。

1. 纤维

植物纤维是纸张最基本的组成成分，它构成了纸张的骨架。植物纤维的化学成分主要有纤维素、半纤维素和木素，此外还有少量的果胶、单宁、树脂及杂质等物质。

我国常用于造纸的植物纤维有以下几种：
（1）茎干类纤维：来源于竹、芦苇、麦草、稻草等。
（2）木材类纤维：来源于杉、松、杨、桦木等。
（3）韧皮类纤维：来源于亚麻、大麻等。
（4）棉毛类纤维：来源于棉花、破布等。

2. 填料

造纸过程中由植物纤维相互交织而形成的片状物,其组织疏松、表面粗糙,植物纤维之间还存在一些不均匀的孔眼和空隙,纸张的这些表面状况必然会影响到它的印刷性能和书写性能。为了克服这些弊病,在纸浆中加入一些白色的固体粉末类矿物质,即填料。通过加填,使填料填充于植物纤维间交织的空隙和纸张表面的凹凸不平处,这样可以提高纸张的平滑度、不透明度、白度、紧度和施胶度,降低纸张的吸湿性和变形程度,改善纸张的吸墨性能,使其性能更加符合印刷要求。常用作填料的物质有硫酸钙(石膏)、硫酸钡、滑石粉、碳酸钙、白土等。

填料的作用在于填充纤维间的缝隙,使纸张表面均匀、平滑、不透明;同时可节约纤维的用量,降低成本。填料用量约为纸张质量的20%,用量过多,印刷时容易糊版,从而增加洗橡皮布的次数,占用生产时间,降低生产效率。

3. 胶料

胶料是指加入纸浆中的抗水性物质,如松香胶、石蜡胶、硬脂酸等。胶料的作用是填塞纤维表面及纤维间的空隙,减少纤维间的吸湿性,防止水化现象以及印刷变形。

4. 色料

色料通常是指颜料和染料,如加入群青、品蓝可以获得更加洁白的纸张。在纸浆中加入色料主要是为了改变或调整纸张的颜色。

3.1.2　造纸的工艺过程

造纸是将植物纤维经过加工处理,再加入适量的填料、胶料和色料制成纸浆,然后通过造纸机抄造成纸张,生产过程如图3-1所示。

制浆阶段:造纸原料的选择及初步处理阶段。包括破碎、蒸解、洗涤、筛选和漂白等工序。

纸浆准备阶段:对纤维进行机械处理,纤维经打浆和精选与辅料混合,形成悬浮液,为抄造纸张做准备。

抄纸阶段:纸浆在抄纸机上经脱水成形、压榨和烘干等工序形成纸。

纸张的加工整理阶段:包括压光、涂布、复卷、裁切和成令等工序。

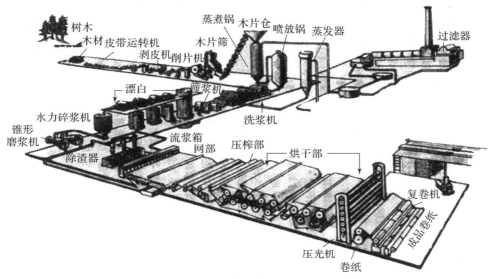

图 3-1　造纸工艺过程

3.1.3　纸张的分类

印刷用纸,一般分为新闻纸、胶版纸、铜版纸和特种纸 4 种。

新闻纸又称白报纸,质地松软,吸墨性强,有一定的抗张强度,但抗水性差,易发黄、变脆,主要印刷报纸、期刊。

胶版纸是一种较高级的印刷纸张,质地紧密,纸面平滑,不透明度和白度较高,抗水性较强,适用于平版印刷,主要印刷书刊及封面、杂志插页、画报、商标。

铜版纸又称涂料纸,是在原纸表面涂布一层白色涂料,然后再进行压光或超级压光而成的高级印刷纸张,表面平滑度高,色泽洁白,抗水性强,适合印刷较高级的画册、书刊插页、年历、贺卡等。

特种纸是指具有某些特殊功能、适合特殊用途的纸张。它们有的是通过向浆料中施加化学试剂后经过处理制成的,有的则是对原纸进行二次加工制成的。

3.1.4　纸张的规格

纸张的规格是指纸张的包装形式、幅面尺寸以及重量三方面的内容。

1. 纸张的包装形式

纸张的包装形式是根据印刷的需要确定的,通常有两种包装形式,即平板纸和卷筒纸。卷筒纸供轮转印刷机使用,平板纸供单张纸印刷机使用。卷筒纸大多用于印刷报纸及期刊、教科书的正文等,可进行单色或多色印刷。平板纸适印的产品范围更加广泛,相对于卷筒纸而言,平板纸更侧重于彩色印刷。

2. 纸张的幅面尺寸

纸张的幅面尺寸是指纸张幅面的大小,这是根据国家规定的《图书和杂志开本及幅面尺寸》的要求裁切的。卷筒纸的幅面尺寸主要是指其宽度,平板纸的幅面尺寸是指其宽度和长度。卷筒纸和平板纸的幅面尺寸如表 3 – 1 所列。

表 3 – 1　纸张幅面尺寸

包装形式	幅面尺寸/mm	备　注
卷筒纸	787、880、1092、1230、1280、1400、1562、1575	宽度误差不超过 ± 3mm。纸卷直径为 750 ~ 850mm,纸芯直径为 75 ~ 85mm,长度约 6000mm
平板纸	787 × 1092、850 × 1168、787 × 960、690 × 960、880 × 1092、787 × 960、1000 × 1400、900 × 1280、890 × 1240	长、宽允许误差为 ± 3mm
	880 × 1230、889 × 1194	国际通用尺寸

目前印刷业使用最多的平板纸的幅面尺寸有 4 种,如表 3 – 2 所列。

表 3 – 2　印刷业最常用的平板纸尺寸

商业称呼	俗　称	幅面尺寸/mm
正度	小规格(又称标准张)	787 × 1092
—	大规格	850 × 1168
—	特规格	880 × 1230
大度	超规格	889 × 1194

地图印刷一般采用统一标准的地图纸,高质量的地图集采用铜版纸印刷。使用合成纸或其他用纸的,应注意纸张规格是否适合地图印刷。

地图印刷用纸规格:787mm × 1092mm、590mm × 940mm、620mm × 940mm、1180mm × 940mm。

3. 纸张的重量

纸张的重量用定量和令重来表示。在商业交易中纸张的定量和令重是纸张规格的主要内容之一,而在印刷生产中主要用定量来表示。

定量是纸张的一项基本质量指标,它是指纸张单位面积内的质量,单位为 g/m^2。定量的偏差对纸张面积影响较大,纸张定量偏高会使单位质量的纸张使用面积减少,增加印刷企业的生产成本。经过测算,卷筒纸定量每增加一克,每卷卷筒纸将少印报纸几百份到上千份。由此可见,低定量的纸张用于印刷更为经济。当然,根据纸张不同的用途,还要求其具有不同的透明度以及挺度等。事实上使用定量过低的纸张,其生产成本就会明显增加,纸张挺度下降,还会增加单张纸印刷的困难,纸张过薄容易发生透印,机械强度不足印刷时易发生断纸。所以,在实际印刷生产中,还是应按不同的要求采用不同定量的纸张进行印刷。常用地图纸定量为 $80g/m^2$、$100g/m^2$、$120g/m^2$ 等。

3.1.5 纸张的主要性能

1. 纸张的物理性能

纸张的物理性能主要包括紧度、抗张性、耐折度、伸缩性和外观等。

1)紧度

紧度是指纸张结构的松紧程度,以每立方厘米纸张的质量(g/cm^3)表示。同一定量的纸张,厚度大的纸张纸质松,反之,纸质则紧密。

2)抗张性

纸张的抗张性指纸张的抗张力和伸长率。抗张力是指纸张断裂时所能承受的最大负荷。一般用抗张强度仪测定一定宽度的纸条拉断时所需要的力,用千克(kg)表示。伸长率是用纸张被拉伸至断裂时的伸长与原来长度的百分比表示。绝大多数的纸张,受拉力作用后都有不同程度的伸长,尤其是与纸张丝缕相垂直的方向上伸长更为明显。纸张的这一特性,给双面或多色印刷带来套印不准的弊病。

纸张应有足够的抗张性,在印刷过程中,受垂直印刷压力和平行拉力的作用,不能断裂或产生较大程度的伸长。

3)耐折度

耐折度是指纸张在一定张力的作用下,能经受 $180°$ 的往复折叠的次数。往复折叠次数越多,表示纸张的耐折性就越好。

4）伸缩性

由于纸张纤维的毛细管作用，各种纸张吸水时则其尺寸伸长，脱水则纸张的尺寸收缩，但其变化的速率和程度，随纸张种类的不同而不同，纸张的这种性能称为伸缩性。

纸张的伸缩性是指纸张浸于水或在不同湿度下，增湿或减湿时尺寸的相对变化，用尺寸的增减对试样原尺寸的百分比来表示。

2. 纸张的光学性能

纸张的光学性能，是指纸张的白度、不透明度和光泽度等性能。

纸张的光学性能取决于入射到纸张表面光线的相对数量，以及入射光线被纸张反射、透射和吸收的情况。纸张光学性能，直接决定着印刷品色彩的再现。影响纸张光学性能的主要因素有填料或涂料的含量、染料和有色颜料的含量、浆料的处理和纸张的抄纸方法、助剂的含量等。

1）白度

白度指纸张洁白的程度。纸张的白度，直接影响印刷品的呈色效果。白度较高的纸张，几乎可以反射全部的光，使印件上的色泽分明；发灰、发黑的纸张要吸收部分色光，难以如实表现印版上光亮和明暗部分的反差。因此，纸张的白度是印刷色彩鲜艳的基础。不同白度的纸张，所获得的印迹鲜艳程度是完全不同的。

2）不透明度

纸张的不透明度是指纸张透印的程度。在双面印刷中，一般都采用不透明度高的纸张进行印刷，从而可以防止正面的印迹透印到纸张的反面。

3）光泽度

光泽度指纸张表面受光线照射时所反射出来的光泽值，以百分比表示。光泽度取决于纸张表面镜面反射光的能力，理论上把光泽度定义为纸面镜面反射光能力与完全镜面反射能力的接近程度。

3. 纸张的化学性能

纸张的化学性能主要取决于制造纸张所用的原料、漂白方法及纸张的后加工处理，主要表现为纸张的含水量、施胶度、酸碱值和灰分等方面。

1）含水量

纸张的含水量是指一定质量的纸张所含的水分质量与纸张总质量之比，用百分比来表示。纸张的水分随环境的温、湿度变化而变化。一般纸张含水量多调节在 6.5%~7.5%,与车间温度 18~22℃、相对湿度 60%~70% 相适应进行印刷,从而保证套印的精确性。

2）施胶度

纸张的施胶度是指纸张吸水性的强弱,即水在纸面上渗透和扩散的程度,表示纸张耐水性的大小。不同的印刷方法,对纸张的施胶度有不同的要求,一般对新闻纸可以不要求施胶度,胶版纸的施胶度为 0.75mm。施胶度的数量是采用"标准墨水"划线法来测定的。

3）酸碱值

纸张的酸碱值是指纸张本身表现出来的酸性或碱性,这一性质对印刷质量有很大的影响。

4）纸张的灰分

纸张的灰分是指纸张在灼烧后的残渣的质量与绝对干燥试样的质量之比。纸张因填充料的不同或填充量的不同造成纸张的灰分也不同。

3.1.6 纸张的印刷适性

印刷适性是指承印物、印刷油墨以及其他材料与印刷条件相匹配以适合于印刷作业的性能。因此,要提高印刷品的质量,必须根据印刷品的特点及要求,根据所用机械设备和印版性能,正确地选择和调整油墨、纸张,并正确处理它们与印刷间的相互关系,才能实现理想的印刷效果。

纸张的性能对于选择印刷油墨、印刷压力,都有很大的关系,是决定印刷品质量的主要因素之一。纸张的印刷适性主要包括以下几个方面。

1. 纸张的平滑度

纸张的平滑度是指纸张表面光滑、平整的程度。纸张在抄制过程中,往往由于选用的纤维以及工艺处理的不同,致使纸面粗糙凹凸不平。

印刷的实质是油墨向纸面上的一种转移,墨膜与纸张接触程度越好,即纸越平,越能印刷出好的印刷品。纸张的平滑度可以左右印刷品的质量。表面粗糙的纸张,很难得到理想的印迹。所以,精细的印刷产品必须选用高级涂料纸,以保证复制效果。由于纸张的平滑度不同,纸张表面的孔穴大小也不一样。对于平滑度低的纸张,为了能够获得清晰的印迹,在印刷过程中必须适当地增加印刷压力。

2. 纸张的吸墨性

纸张的吸墨性是指纸张对油墨中连结料吸收的程度。吸墨性过大,印刷面干燥后,表面轻轻摩擦,颜料会发生脱落现象;吸墨性过小,印刷后油墨不易干燥,易导致背面蹭脏。不同的印刷产品,对所用的纸张吸墨性的大小要求是不一样的。例如,新闻纸要求有很强的吸墨能力,而胶版纸或铜版纸则不要求有很强的吸墨性。

3. 纸张的施胶度

纸张主要的成分为纤维素,由于纤维素含水量的变化会导致纸张的变形和纸张表面强度的下降,所以,纸张的施胶度的大小直接决定印刷品的套印精度。

4. 纸张的表面强度

纸张的表面强度是指纸张的纤维与纤维之间、填料与填料之间、纤维与填料之间的结合程度。结合力越强,则纸张的表面强度越高;反之,则表示纸张的表面强度越低。在印刷中,常以纸张表面的掉粉、掉毛及剥离的程度来评价纸张的表面强度,即纸张的拉毛速度。这个速度,表示纸张不掉粉、不掉毛时的最大印刷速度。

在平版印刷中,纸张的表面强度主要会受到橡皮布的剥离力、油墨的黏度和黏性、润版液用量等因素的影响。

5. 纸张的酸碱性

由于纸张的造纸工艺不同,纸张一般会呈现出一定的酸碱性,用 pH 值来表示。在印刷中,纸张的酸碱度将会影响润版液的 pH 值和油墨的干燥速度。因此,在印刷中应根据纸张的酸碱性适当地调整印刷工艺,将有助于提高平版印刷质量。

6. 纸张的含水量

纸张在从造纸厂出厂、运输、储存过程中,受气候变化的影响会造成变形。当空气中含水量大于纸张的含水量,纸张吸收水分,纸张中间含水量少,边上含水量多,则出现"荷叶边"现象;当空气中含水量小于纸张的含水量,则纸边的水分被蒸发,会出现"紧边"现象;当纸张正反面的含水量不等时,则纸张出现"卷曲",如图 3-2 所示。纸张出现变形,也就造成印刷过程中套印不准和纸张褶皱。

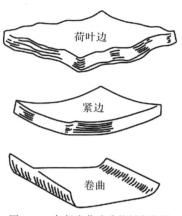

图 3 - 2　气候变化造成的纸张变形

　　为减少纸张在印刷中产生故障,使纸张的含水量适应印刷的要求,并与印刷环境的温、湿度相适应,纸张一般都需要进行适印处理,处理方法最好用晾纸方法,使纸张与印刷车间的温度、湿度一致,纸张自身的含水量均匀。

7. 纸张的异向性

　　纸张具有一定的方向性,在纸页抄造过程中与造纸机运转方向平行的方向为纸张的纵向(Machine Direction) ,与造纸机运转方向垂直的方向为纸张的横向(Cross Direction)。由于在纸页成型过程中纤维受到造纸机运转方向较大的牵引力作用,纤维大多数沿造纸机运转方向排列,造成纸张的纵向和横向在许多性能上存在差别,这就是纸张的方向性。由于纸张的方向性,单张纸则可能因裁切方法不同,而分为纵向纸和横向纸两种,如图 3 - 3 所示。

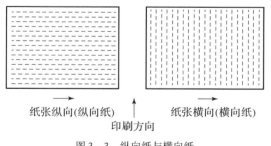

纸张纵向(纵向纸)　　印刷方向　　纸张横向(横向纸)

图 3 - 3　纵向纸与横向纸

　　纸张的方向性在单张纸印刷中有其重要作用,特别是在胶印中。由于纸张纤维在吸湿润胀时,纤维直径方向膨润的幅度比其长度方向要大,故纸张吸湿时,横向伸长率比纵向大,一般大 2 ~ 8 倍。为保证套印准确,最好同一块印版所用纸张的纤维方向是一致的。一般使纸张纤维的排列方向平行于印刷滚筒的轴向进行印刷。纸张的纤维方向要在印刷之前进行判别,常用的方法有撕破法、纸页卷曲法和抗张强度鉴别法等。

3.1.7 纸张的调湿处理

为保证平版胶印印刷套印准确,特别是对于大面积多个图案拼排的产品,必须在印刷之前了解纸张的性能,严格控制其含水量。

1. 纸张含水量不均匀引起的纸张变形

一堆平直的纸张,当它分别处于过分潮湿或过分干燥的环境中时,纸张便会产生荷叶边或紧边现象。

当平直的纸堆处于潮湿的环境中时,纸堆的四周就会从潮湿的环境中吸收水分而伸长,但是纸堆中部的水分仍然保持不变,纸张四周受水分的作用尺寸伸长时,会受到纸张中部的牵制,从而使纸张失去原有的平直状态,于是纸张边缘呈现出荷叶边现象,又称为波浪形。反之,当平直的纸堆处于过于干燥的环境中时,纸堆的四周就会失去水分而收缩,于是就产生了紧边现象,紧边现象又称为碟形。

2. 纸张的滞后效应

在某一相对湿度下已处于水分平衡的纸张,如果把它放到更高的相对湿度的环境中,纸张将会吸湿并且最终与环境达到新的水分平衡,这时如果把它再放回到原来的环境中,纸张就会失去部分水分,并且最终也会与这个环境达到水分的平衡。纸张在变化过程中,纸张吸收的水分比纸张所释放的水分要多,如图3-4所示。这种现象称为纸张的滞后效应。

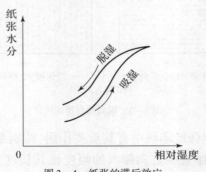

图3-4 纸张的滞后效应

3. 纸张的调湿方法

对纸张进行调湿,其目的是让纸张的滞后效应在印刷前充分显示,从而使纸张恢复到原来的真正尺寸,使它对水分的敏感程度降低,含水量均匀并与车间温、湿度相适应,达到套印准确的目的。

纸张调湿时通常有以下三种方法。

1)自然吊晾法

在印刷车间或晾纸间内进行,利用印刷车间或晾纸间的温度和相对湿度的自然条件,使纸张的含水量与印刷环境相适应。

2)晾纸机调湿法

晾纸间的温度与印刷车间的温度相同,但晾纸间的相对湿度要比印刷车间的相对湿度高出6%~8%。

3)解湿法

采用这种方法对纸张进行调湿,可分为两个过程。第一步为吸水过程。事先将纸张放在比印刷车间相对湿度高的空气中预调吸湿。一般来说要求晾纸间的相对湿度要比印刷车间的相对湿度高出25%左右。纸张在这样的环境下吸湿速度很快,只需较少的时间就能达到当晾纸间的相对湿度比印刷车间高6%~8%时纸张与晾纸间达到平衡时纸张所需的含水量,此时停止调湿进入第二步即可。第二步为脱湿过程。将吸足水分的纸张再置于与晾纸间相同的相对湿度的环境中进行脱水。

如何确定纸张经过调湿后其水分已经达到平衡状态?一种较为简单的做法,我们可以在调湿的过程中,每隔一小时称量被调湿的纸样质量一次,当其质量的改变少于前一次所称质量的0.25%时,就代表调湿中的纸样基本上已到达稳定的水分平衡状态。另外一种方法是以图表记录的形式来找出更准确的调湿时间,如图3-5所示。图中横轴为调湿时间的对数,纵轴为纸样的重量。在调湿过程中将每相隔一定时间纸样的重量记录下来,并绘成曲线,当曲线与横轴平行,即当纸样重量不再随时间而改变时,则表明纸样经过调湿已经达到水分平衡状态,此时的时间就是该纸样所需的调湿时间。

上述三种调湿方法,以第二、第三种方法对套印准确最为有利,属于强制调湿,但需恒温恒湿设备,投资较大。第二种调湿方法是许多大中型印刷企业广为采用的方法。采用第三种调湿方法的最大好处是大大地缩短了对纸张的调湿时间,提高了作业效率,是一种需要大力推广应用的方法。第一种调湿方法属于自然调湿,投资小,适用于印刷套印要求不太高的小型印刷厂。

纸张产生荷叶边或紧边,也可采用上述几种方法,但如果纸张只需进行荷叶

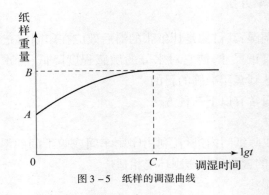

图 3 – 5　纸样的调湿曲线

边的矫正,则不需使用调湿设备,只需把纸张送入密闭的房间,并在房间内配备几台电热器提高室温就可以了。密闭的室内温度一旦升高,就会使空气的相对湿度大幅度下降。这样,被吸收的水分就可以迅速释放出来,纸边的荷叶边也就逐渐消失了。对于紧边,则可采用相反的过程进行,如采用降温或喷雾的方法,提高室内的相对湿度,使纸堆四周吸湿来消除紧边。注意,对这些处理不得过当,否则荷叶边却变成了紧边,而紧边却变成了荷叶边。

　　造纸厂刚出厂的纸张,其尺寸稳定性最差,最好应放置 3 个月后再使用。如果求快,则必须用调湿的方法对纸张做适印性处理。一般情况下,刚出厂的纸张易在纸张的横向起波纹,用自然调湿法需 7 天左右的时间,用强制调湿法则需 2 ~ 3h 即可使纸张平整。对于不能矫正的劣质纸张只能退货或改为小张印刷。

　　对纸张进行调湿时,除了对环境的温、湿度需要严格控制外,对操作时间也要加以重视。有的印刷企业在印刷之前虽然对纸张进行了调湿处理,但由于没有掌握正确的调湿时间,如调湿时间过短,纸张的含水量没有达到与外界环境的充分平衡,印刷时因而发现纸张打褶、套印不准,此时再拿去进行调湿,就大大地浪费了工时;反之,如果调湿时间过长,同样也浪费了工时。

　　调湿后的纸张经裁切直接拿到印刷车间去上机印刷效果最好。若要存放,必须进行正确的保护。虽然受一些因素的影响,空气的相对湿度经常发生变化,但是在调湿装置正常运行的情况下是不会发生问题的。可是到了晚上一旦停止了工作,温度下降较多,相对湿度提高了,在这种情况下,把调湿好的纸张裸露搁置是有害的。这时候应用塑料薄膜或防湿布把整个纸堆覆盖起来,如图 3 – 6 所示。

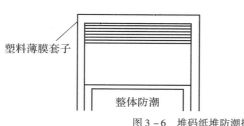
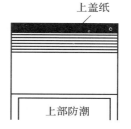

图 3-6　堆码纸堆防潮措施

左侧：塑料薄膜套子／整体防潮　　右侧：上盖纸／上部防潮

3.1.8　纸张的裁切

纸张的裁切分为对白纸的裁切和对成品的裁切。裁切前,应垛齐纸张,按照规定的裁切尺寸,拟定裁切顺序,一次裁切数量为300~500张。

裁切时,将垛齐的纸张放在工作台上,并检查有无倒放,包装的成图应检查规矩线是否对齐。根据所要求的幅面尺寸,将数据输入切纸机,屏幕显示数据无误后,使印刷页紧靠推纸器的前表面和侧面挡规,推送到规定的裁切线上。机器开动前应先给信号,单面切纸机严禁两人同时操作。放下压纸器,使印刷页压平、压实、定位。开动机器,裁刀落下切纸,裁完后,裁刀上升离开纸叠,压纸器也随之上升,然后将裁完的纸叠取出放到纸台上。

地图应严格按照成品规格,以裁切线为准进行裁切。单幅拼成品图的断裁,第一刀以叼口边为准,按成图尺寸大小,裁去信号条,第二刀以边规侧为准,在地图取中的基础上将成图断裁成规定的尺寸。双幅拼成品图的断裁,第一刀以叼口边为准,按成图尺寸大小,裁去信号条,第二刀从中间裁切线入刀,将图按成图尺寸规格裁为两幅。切出的纸张应切口光滑无刀花,纸边互相垂直,尺寸符合规定,误差不超过1.0mm。裁切后的纸张要垛放整齐,正反、横竖要一致。

3.2　油墨

油墨是印刷生产中最重要的原材料之一,它在纸张或其他承印物表面上黏着,并迅速干燥,形成耐久的图像。不同的印刷工艺和印刷产品对油墨的性能有不同的要求,所以油墨的选择和调配必须与之相适应。

3.2.1　油墨的组成

油墨是一种具有一定颜色的胶黏状悬浊体物质,是由色料、连结料、填充料及辅助剂等物质所组成的均匀的混合物。

1. 色料

色料是具有一定颜色的固体粉状物质。油墨中使用的色料主要是颜料。颜料是不溶于水或其他溶剂的有色或白色物质,具有适当的遮盖力、着色力、高的分散度和对光、热的稳定性等,它只能使物体表面层着色。

用于制造油墨的颜料是一种不溶于水和其他溶剂的细微粉末状颗粒,它应能均匀分布在介质中,其作用仅是使物体表面着色。颜料的品种很多,达数千种,但由于印刷油墨的颜色、着色力以及耐晒性、耐热性、耐碱性、耐酸性等主要取决于颜料,另外,干燥速度、细度、遮盖力、比重等也与颜料有关,因此具有印刷油墨所需特性的颜料却寥寥无几,所以只有一小部分颜料能被采用。

胶印油墨要求颜料必须着色力强,色彩鲜艳,颗粒细、比重小,不溶于水、油,亲油性好,遮盖力小和耐光、耐水、耐酸碱,在连接料中有较好的分散能力,加入墨中,能保持油墨具有良好的流动性等。因此用来制造胶印油墨的颜料,对化学和物理稳定性有很高的要求。目前使用的颜料一般可分为两类,即无机颜料和有机颜料。

2. 连结料

连结料是一种黏稠状的流体,是油墨中的液体部分。连结料在油墨中不仅能使颜料颗粒均匀地分散,而且还能使油墨具有适当的流动性和转移性。另外,连结料还能够使颜料等固体物质在承印物表面牢固附着,并使油墨具有光泽、机械强度及干燥性等印刷性能。所以,连结料的性质决定了油墨的类型及油墨的主要品质。

3. 填充料

填充料与颜料一样,也是油墨中的固体成分。填充料呈透明、半透明或不透明状,是一种白色粉末状物质。填充料在油墨中起充填的作用,主要是作为颜料的充填物质,用以减少颜料的用量,降低油墨制造成本,同时又可改善油墨的印刷适性。一般来说,填充料在油墨中用量不大,以免影响油墨的颜色或影响油墨的其他性能。

4. 辅助剂

辅助剂是油墨中的次要成分,用量不多,一般不超过10%,但其作用不可低估。辅助剂的加入可以改善油墨的各种性能,提高油墨的印刷适性,常用的辅助剂有蜡、分散剂、干燥剂、撤黏剂、调墨油、冲淡剂、提色剂等。

1)蜡

在印刷油墨中加入一些蜡,可使干燥后的墨膜表面形成一层光滑的蜡膜,从而提高印刷品的耐摩擦性和光泽性。另外,蜡还可以降低油墨的黏度,防止印刷品上蹭脏、结块。但是在油墨中不能加入过量的蜡,否则,会影响油墨的转移,延长油墨的干燥时间。

2)分散剂

在油墨中使用分散剂的主要目的是使油墨中的颜料能够均匀地分散在连结料中,防止颜料颗粒的凝集和沉淀,同时还能降低油墨的屈服值。常用的分散剂有油性和水性两种。

3)干燥剂

干燥剂在油墨的干燥过程中,能加速油墨的干燥速度,同时干燥剂本身不发生任何变化,常用的干燥剂有钴燥油、锰燥油、铅燥煤油3种。

4)撤黏剂

常用的撤黏剂主要有蜡、凡士林、调墨油等,作用是降低油墨的黏性,但并不使油墨变稀。也就是说,只降低油墨的黏性,不改变油墨的流动性。

5)调墨油

印刷油墨中使用的调墨油是用干性和合成树脂混合制成的,实质上就是油墨的连结料。因此,调墨油具有连结料的各种特性,只是在黏稠度和流动性上不同。它的作用:一是增加油墨的流动性,降低油墨的黏度;二是降低流动性,增加黏稠性。调墨油有7种,从0号到6号。其中,0号调墨油是用来增加油墨的黏度,降低油墨流动性的唯一调墨油,其余的则是用来增加油墨的流动性,降低油墨黏度的。

6)冲淡剂

冲淡剂主要是用来使油墨的颜色变淡,而对油墨本身的色彩无影响。

7)提色剂

提色剂是油墨色相的调整剂,用以调整油墨的色相。

3.2.2 油墨的分类

油墨的品种很多,分类方法又有多种。通常情况下有以下几种分类方法:

(1)按印刷方式分类,油墨可分为凸版油墨、平版油墨、凹版油墨、网孔版油墨和特种油墨。

(2)按油墨的干燥方式分类,油墨可分为氧化干燥型、渗透干燥型、挥发干燥型、热固型、冷固型、湿固型、红外线干燥型、紫外线干燥型、电子束干燥型等。

（3）按承印材料分类，油墨可分为纸张用油墨、铁用油墨、塑料薄膜用油墨、玻璃用油墨、陶瓷用油墨、织物用油墨等。

（4）按印刷速度分类，油墨可分为低速油墨、中速油墨、高速油墨等。

3.2.3　油墨的制造过程

印刷油墨生产的基本目的是使颜料颗粒均匀分散到连接料中，它使用的机械比较简单，但生产的组织却不太容易，因为油墨的品种很多，不同的印刷方法、不同的承印材料都有相应的配方，生产必须根据不同的配方进行。

颜料原料是由许多细小的微粒黏在一起的团粒状材料，制造油墨时需把颜料分散在连接料中。分散颜料是用最小的能量将团块分散到印刷所允许的最低程度。一般先用连接料初步润湿颜料团块，再将颜料团块打开，使颜料粒度达到最低允许程度，排出颜料团粒表面的空气，使连接料包围在每一个颜料颗粒周围，使连接料和颜料混合物成为稳定的悬浮物，这就是制造的全过程。油墨的制造根据油墨的稀稠，采取不同的加工工艺方法。在生产油墨的机器设备中，常用的是三辊机、球磨机和砂磨机等。三辊机主要用于生产高黏度和较稠的油墨，如平印油墨、凸版书版墨、铜版墨等；球磨机和砂磨机主要生产低黏度、易挥发的稀液体油墨，如凹印油墨、苯胺油墨、塑料油墨等。

胶印油墨的生产，大致分为准备→配料→搅拌→轧研→检验、包装几个步骤。

1. 准备

准备指油墨厂对生产油墨所需的颜料、连接料以及各种附加剂进行选择、加工、制取，如熬制连接料。选择颜料要求不溶于水、油，且着色力强、耐光性持久等。选取连接料时应考虑其酸值、碘值的大小等。

2. 配料

配料的主要任务是成分的选择和配比，它是决定印刷油墨各种性能最关键的一环，获得一个成功的配方要比实际生产难得多。

配料之所以复杂，主要是原材料选择范围很广，所选材料又必须共存，可以合理地混合在一起，性能还须适应印刷工艺要求，且印后还应在一定时间内，保证图文具有一定的耐抗性能。因此需根据所制油墨的用途、性质，对其原料进行选取和调配,研究配方,通过小样试验,进而确定配方。如油型连接料只用干性植物油,树脂型墨连接料则要用干性植物油、树脂、溶剂等合炼的树脂油,而在树脂中又有液体树脂和固体树脂之分,一般树脂墨用固体树脂,亮光树脂墨才用流体树脂等。

3. 搅拌

配方确定好之后,根据配方,将颜料、连接料以及辅助剂按量称好后,放入特制的调合桶中搅拌。直至油墨料调合成糊状后方告结束。搅拌一般采用机械法,让颜料和连接料在叶片剪切力和挤压力的作用下初步混合,形成糊状物。搅拌的速度开始较低,以防色粉飞扬,然后再用高速搅拌。目的是为了加强叶片对颜料颗粒的剪切力,使颜料团块打开。

4. 轧研

轧墨的目的是利用轧墨机械中存在的压力、切应力、摩擦力等多种作用力将油墨坯料中的小块、发硬的颜料研磨成细小颗粒状,并且使颜料能更均匀、稳定地分布于连接料中,达到使油墨具备流体固有的各种流变性能和印刷时能取得令人满意的效果。

胶印油墨的轧墨机械,目前主要用辊式轧墨机,其辊子数目不同,国内多为三辊机,利用金属辊之间互相接触,以不同的速度和方向旋转,糊状的墨料就被送进两个辊子间的窄缝中研磨,然后用一个压向辊子表面的刮刀收集研磨好的油墨。轧墨机的辊筒中空,采用冷却水带走轧研时产生的热量,防止颜料变色和连接料由于温度高而黏度下降。

5. 检验、装桶

油墨轧制完毕,要检查其色相、细度、流动性能、干燥性能等是否符合要求。经调整和成品检查后即可装桶。此时要注意,要避免空隙和气泡,以减少氧化、结皮而造成损失。包装时表面常盖有涂上油的纸盖,防止表面结皮。

3.2.4　油墨的印刷适性

胶印油墨的印刷适性可概括为光学特性、转移性、耐抗性等,它是由油墨质量决定的,在生产中我们只能做适当的改善和选择,使之适合于生产的实际条件。对于油墨印刷适性的认识和检验,是提高印刷质量所必需的。

1. 颜色

颜色是油墨经印刷手段赋予印刷品的色彩特性。因此,颜色是油墨的一个极为重要的指标。油墨呈现的色彩是印刷质量的决定性因素之一。

油墨的颜色,不管色相与色调层次的程度如何,必须一致。油墨厂生产的同一编号油墨,因批数不同,颜色也会有所不同。在调配油墨时,必须检查是否合乎要求。

2. 着色力

着色力是反映油墨浓度大小和饱和程度的。它与印刷的关系表现在成本和质量上,着色力强,用墨量少,成本低。不同图文要求有不同的着色力,一般高网线印品要求油墨着色力高一些,实地印品要求油墨着色力低一些。着色力大小是由颜料分散度和含量决定的,同色同重的油墨,颜料分散度高、含量大,则着色力大。

3. 透明度

油墨透明度指墨膜层遮盖底色的能力,以遮盖力大小来衡量。油墨的透明性是油墨性能的标志之一,它决定产品的印刷色序。在多色套印中,如果所用的油墨透明度都较高,则对先印刷的油墨的颜色有较好的显色性,所以越透明的油墨就越需要放在最后印刷。透明度差的油墨,印刷时只能作为第一色,否则,将影响产品的质量。

当把油墨涂成均匀的薄膜时,承受油墨薄膜的物质底色的显示程度,即表示此油墨透明度的高低。

4. 油墨的光泽度

油墨的光泽是指从油墨膜面有规则地反射出来的能感觉到的光量。也就是说,油墨的光泽度是指油墨印品在固定的光源照射下,反射光量的多少,用反射率(百分比)表示。

5. 油墨的流动度

一定温度下,一定体积的油墨,在一定的重力挤压下,经过一定的时间,油墨向外铺展的直径称为油墨的流动度。流动度可以简单地认为是测定油墨稀稠的一个指标,以毫米(mm)表示。

流动度的意义表现在印刷过程中,油墨传递均匀、印迹平服、光洁。油墨流动度必须与印刷条件相适应。若流动度过小,油墨传递不均匀,版面受墨不足,印迹发花,深浅不一;若流动度过大,印迹肥大,甚至"糊版",墨色淡薄,无光泽,甚至透印。

6. 油墨的干燥性

油墨的干燥性是指油墨印到承印物上后干燥需要的时间。干燥性是油墨的一个重要的质量指标。将油墨印刷在承印物上,能否按要求良好的干燥,直接关系到印刷效果的好坏。通常,印刷过程中出现的许多故障都是由于油墨的干燥不良造成的。例如,背面蹭脏就是由于油墨干燥性不好所致。因此,油墨干燥性的测定是把好油墨质量关,取得良好印刷效果的一个重要手段。

7. 油墨的黏度和黏性

油墨的黏度和黏性是两个不同的概念,但又有密切的关系,一般地,油墨的黏度和黏性成正比关系。

油墨在流动时,内部所产生的阻力称为油墨的黏度。油墨的许多流变性能几乎都与黏度有关。黏度与印刷关系:黏度过大,则油墨转移性差,造成传递不良,引起版面受墨不足,而使印迹空虚或不匀;反之油墨黏度过小,易产生油墨乳化,引起版面浮脏,甚至产生堆版、堆墨辊、堆橡皮,也使渗透加大。

油墨黏度取决于连接料黏度、颜料与填料的用量、颜料与填料的细度、颜料与填料在连接料中的分散情况等。胶印工艺要求黏度要与印刷速度、纸张结构、图文种类相适应。

油墨的黏性是油墨膜层分离时,内部产生的阻止油墨膜层分离的力。它对油墨传递、转移影响极大。黏性强的油墨分离困难,在墨辊上不易打匀,影响到油墨的传递。若这种阻止分离的力超过纸张纤维的结合力,就会产生拉毛、剥纸现象,同时增大剥离张力,引起纸张拉伸变形。套印时,第一色油墨黏性可适当大些,以便吸附牢固,二色后油墨黏性应逐次降低,因为此时油墨的表面性质代替了纸面性质,对油墨吸附不如纸面,否则会在墨膜表面断裂。油墨黏性是油墨固有特性,它的大小还与膜层厚度、分离速度有关,且成正比。

8. 细度

细度是表示油墨中颜料、填充颗粒的大小和颜料颗粒在连接料中分布的均匀程度的物理量。油墨的细度也是反映油墨主要性质的指标之一。在多色平版印刷中,油墨颗粒越粗,越容易糊版,同时还会降低印版的耐印力;油墨颗粒越细,着色力越强,产品质量就越好。

9. 触变性

在油墨温度保持一定的情况下,对静止的油墨施加一定的外力搅拌作用后,油墨逐渐变稀变软,易于流动,当外力停止后,油墨恢复原来稠硬状态,流动性变差。油墨的这种随外力作用而流动性逐渐发生变化的性能称为油墨的触变性。在印刷过程中油墨的触变性并不是越大越好,胶印油墨触变性过强会使油墨在墨斗中不易转动并难以输墨,但若是油墨的触变性过小,则会出现图文网点空虚现象。

10. 油墨的耐光性

油墨的耐光性是指油墨在阳光下颜色保持不变的性能。通常,油墨必须具有较好的耐光性,如果所用的油墨不耐光,其印品就会发生变色、褪色等现象。

11. 油墨的耐热性

油墨的耐热性,是用来描述油墨在一定温度烘烤下变色的程度。其耐热性主要取决于颜料的性质,某些颜料的基团不耐热,在高温下其结构就会发生变化,因而造成变色。

12、耐酸、耐碱、耐水性

胶印油墨对这三项要求严格,因为在印刷过程中,要经常接触酸性药水,另外有些印刷品要接触碱性物质,同时胶印要用水。如果油墨耐酸、耐碱、耐水性差,就会影响印刷性能,增大油墨乳化,使印品上脏等。

3.2.5 油墨的干燥形式

油墨的干燥比较复杂,主要有以下三种形式。

1. 渗透干燥

渗透干燥是指油墨中的连结料,有一部分渗透到承印物里,另一部分与颜料一起固着在承印物表面而干燥。高速卷筒纸印刷机使用的非热固性轮转油墨,一般以渗透干燥为主,主要印刷报纸、期刊。

2. 氧化结膜干燥

氧化结膜干燥是指油墨中的连结料和空气中的氧气发生聚合反应,在承印物表面成膜而干燥。胶印亮光树脂油墨,颜色鲜艳,光泽性好,主要以氧化结膜干燥为主,用于印刷高档精细的胶印产品。

3. 挥发干燥

挥发干燥是指油墨中的部分连结料挥发到空气中,剩余的连结料连同颜料固着在承印物表面而干燥。这类油墨主要用于凹版印刷中。

除此之外,油墨的干燥还有紫外线、红外线、热固化等多种形式。

许多油墨的干燥,常常是两种干燥形式相结合来完成墨膜干燥的。例如,单张纸的快干胶印油墨,适用于印刷一般的胶印产品,它是利用渗透和氧化结膜相结合的方式进行干燥的。

3.2.6 胶印油墨的保管

印刷中油墨用量比纸张用量要少得多,一般用铁罐贮存。由于油墨的贮存方式和外界条件会对油墨印刷性能的稳定有一定的影响,所以对胶印油墨的保管应做到以下几点:

(1)油墨应密封保存,罐内空间要尽可能小,防止与空气接触而氧化干燥,甚至报废。

(2)油墨储藏时间不宜过长,最好不超过2个月。长期储存的油墨印刷时不易干燥,可适量添加干燥剂。

(3)对于不能一次用完的一桶油墨,取油墨时应平取,用后将其表面刮平,然后在上面倒一层调墨油或水,最好是在油墨表面上覆盖一张玻璃纸,并涂上调墨油,以隔绝空气。

(4)油墨储藏应避免过冷或过热,储存的温度和印刷车间的温度相近。油墨应远离火源。墨罐上的商标注意保留,以备取用和查对。

3.3 橡皮布

橡皮布作为胶印中网点转移的中间媒介被广泛应用,已成为印刷生产中不可缺少的常用材料之一。平版胶印依靠橡皮布转移印刷图文,具有良好弹性的橡皮布能在较小的压力下使滚筒处于完全接触的滚压状态,从而使印刷出的网点清晰度高,阶调、色彩再现性好。橡皮布的好坏直接关系到印刷质量的高低及印刷生产任务能否顺利完成。

3.3.1 橡皮布的结构

目前,常用的橡皮布有普通型橡皮布和气垫型橡皮布两种,图3-7为普通型橡皮布结构示意图,图3-8为三层织布的气垫型橡皮布结构示意图。目前最常用的橡皮布是气垫型橡皮布,下面以气垫型橡皮布为例来说明橡皮布的结构和性能。

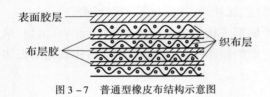

图3-7 普通型橡皮布结构示意图　　　　图3-8 气垫型橡皮布结构示意图

1. 表面胶层

表面胶层应选择耐油性强的丁腈橡胶,因为在印刷过程中橡皮布始终担负着转印任务,表面胶层起着重要作用,它不断地与印版上的油墨、润版液等接触,同时还要承受动态压缩力和弹性恢复力的作用,因此表面胶层应具有良好的油墨吸附性、传递性以及耐酸碱和耐溶剂性能,同时还应具有较高的弹性、强度和硬度。该层添加的填充剂和增塑剂,就是为了改善和调节上述诸多性能的。表面胶层的厚度要根据不同类型橡皮布的结构厚度来确定,一般在0.6~0.7mm之间。过厚会使印刷品网点变形,影响套印质量;过薄则硬度偏高,弹性不足,使网点转移不实,并可能出现墨杠,影响印版的耐印力和印刷品的质量。

2. 弹性胶层

在整体结构中,弹性胶层的主要作用是使织布层之间能牢固地黏合成为骨架,并使其具有适当的硬度与弹性,因此要求具有良好的弹性、压缩变形和复原性,并具有很好的黏附性。一般采用天然橡胶作为弹性胶层的原料。弹性胶层在橡皮布的各纤维织布层间的厚度是不同的(图3-9),这是为了适应印刷表面胶层的可压缩性、回弹性和柔软性。弹性胶层的总厚度一般控制在

1.1～1.2mm。对于气垫橡皮布而言,弹性胶层包括织布、充气层和布层胶。充气层是具有微孔结构的海绵橡胶层,孔径一般为 5～10μm,它使气垫橡皮布具有可压缩性,因此克服了普通橡皮布因受力挤压而在压区两侧产生的"凸包"。高速印刷状态下,"凸包"不能在瞬间恢复原状,容易造成产品套印不准、网点变形等问题,而气垫橡皮布能有效改善网点的再现性,提高图文复制质量。

名称	结构	厚度/mm	总厚度/mm
表面胶	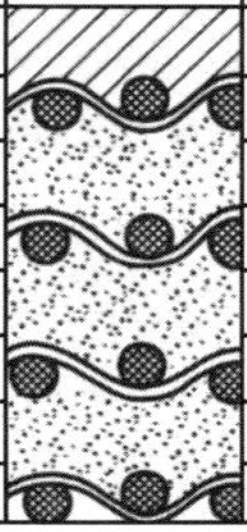	0.7	
底布		0.26	
布层胶		0.09	
底布		0.26	
布层胶		0.05	1.8～1.9
底布		0.26	
布层胶		0.02	
底布		0.26	

图 3-9　橡皮布的构成示意图

3. 织布层

织布层是橡皮布的基础支撑层,要承受较大的挤压和拉伸作用,因此常选用高强度的长绒棉布作为骨架材料,它能使橡皮布在印刷中具有较高的抗张强度和最小的伸长率。整个织布层一般有三层或四层织布,依靠弹性布层胶牢固黏接在一起,形成橡皮布的骨架结构。

3.3.2　橡皮布的分类与规格

橡皮布的类型和品种较多,其结构和质量也各不相同。根据橡皮布的结构特性来分类,有普通橡皮布和气垫橡皮布两种;根据橡皮布的用途来分类,有转印用橡皮布和压印滚筒衬垫用橡皮布;按照胶印机类型来分类,有单张纸胶印机用橡皮布和卷筒纸胶印机用橡皮布,其中卷筒纸胶印机用橡皮布又可以分为卫星式和 B-B 式胶印机用橡皮布;按照橡皮布的颜色来分类,有浅蓝、绿色、红色、灰色、橙色和乳黄色等橡皮布。

橡皮布的规格是指橡皮布的包装形式、尺寸及厚度。橡皮布的包装形式通常是根据使用要求或按订货规定而定的,一般有平板状和卷筒状两种形式。对于平板状橡皮布来说,橡皮布的尺寸是指其宽度和长度,而对于卷筒状橡皮布来说,是指其宽度,因为长度相对是固定的。橡皮布的厚度主要是根据胶印机滚筒间距和衬垫量而设定的,一般为 $1.8 \sim 1.9\text{mm}$。

3.3.3 胶印对橡皮布的基本要求

胶印橡皮布不同于一般的橡胶制品,它担负着将印版上的油墨传递到纸张上的功能,因此有一些重要的性能要求。

1. 硬度

硬度是指橡胶抵抗其他物质压入其表面的能力。从印刷工艺要求来说,橡皮布硬度过高或过低都不可取。硬度过高,容易磨损印版,且要求纸张的表面平滑度也较高;而硬度过低,网点在转移过程中会产生变形,因此要根据印刷品的质量、印版的寿命、印刷机及橡皮布本身的精度来确定橡皮布的硬度。

2. 弹性

弹性指橡皮布在除去其变形的外力作用后立刻恢复原状的能力。印刷过程中,当橡皮滚筒与压印滚筒接触时,橡皮布就受到一定的压力而变形,当压印滚筒表面转离橡皮滚筒表面时,就要求橡皮布迅速恢复原状再去接受印版上网点部分的油墨,所以橡皮布必须具备很高的弹性。否则,来不及回弹的橡皮布接触不到印版上的油墨或接触不充分,就会造成转移的网点不实或丢失。

3. 压缩变形

压缩变形指橡皮布经多次压缩后橡胶变形的强度。橡皮布在印刷时,每小时要受到几千次甚至上万次的压缩,无数次的压缩恢复过程,橡皮布便会产生压缩疲劳而带来永久变形,这时,橡皮布厚度将会减小,弹性也会减小,硬度增大,致使橡皮布不能继续使用。因此,橡皮布的压缩变形越小越好。

4. 扯断力

扯断力指橡皮布被扯断时所用的力。橡皮布在印刷时受到的拉力将近 1000kg,所以,在考虑骨架材料时,底布要具有相当高的强度,因为橡皮布受到拉力时主要靠底布来承受这些作用力;此外表面橡胶层也必须有一定的强度,以避免表面胶被纸张里的沙粒或折叠的纸张所挤破。

5. 油墨传递性

油墨的传递性指橡皮布转移油墨的能力。橡皮布只有具备较强的接受油墨的能力(吸咐能力)、良好的转移油墨的能力和较强的疏水能力,才能保证印张套印准确、图文密度足够。

6. 表面胶层的耐油、耐溶剂性

表面胶层的耐油、耐溶剂性指橡皮布表面胶层抵抗油或某些溶剂渗入的能力。在印刷过程中,橡皮布要接触油墨、润版液以及汽油、煤油等清洗剂,如果缺乏这种抵抗能力,橡皮布就会因接触化学物质而膨胀,影响其使用和印刷质量。

7. 伸长率

伸长率指橡皮布在一定张力下超出原来长度的量,橡皮布伸长的大小一般用伸长率来表示。橡皮布伸长率越小越好,这样能在印刷过程中套印准确、网点完整、图文清晰。若伸长率较大,橡皮布易被拉伸,胶层变薄,弹性降低,会引起网点扩大变形、套印不准等弊病。橡皮布伸长率的大小主要取决于底层织布的层数和强度,并要求底布织物细密均匀、光洁牢固、伸缩性小,与内胶层交叠黏合性能好。

8. 外观质量

橡皮布的表面应像印版一样要经过表面处理,使其表面均匀分布无数细小的砂目,并达到表面细洁滑爽,无细小杂质。如果不经表面处理,橡皮布表面太光滑,其吸墨性就差,且容易吸附细毛、纸粉等杂质。另外,橡皮布的厚度要均匀,平整度误差在 ±0.04mm 之内,否则容易导致印刷压力不均匀,产品墨色均匀性差等问题。

3.3.4 橡皮布的基本性能

为了获得墨色均匀、网点清晰、层次丰富、色彩鲜艳的印刷品,橡皮布必须具备优良的外观性能、机械性能、化学性能等。

1. 外观性能

1)平整度

平整度是指橡皮布平服以及厚薄均匀的程度。橡皮布的平整度是选择衬垫条件、确定印刷压力的主要依据之一。一般可采用千分卡尺来测量橡皮布的平整度,并在中心部位和边缘部位进行多点测量,保证各处测量结果的误差不大于 0.04mm。如果平整度误差超过 0.04mm, 就会造成印刷压力不均匀,印刷品的墨色(尤其在实地部分)出现明显不匀,网点变形或残缺,印迹变粗或空虚、模糊不清等弊病,影响印刷质量。

2)表面光滑度

表面光滑度是指橡皮布表面胶层光洁平滑的程度。橡皮布的表面光滑度对油墨和润版液的吸附与转移、纸张的剥离以及印刷图文的再现有着重要的作用。但表面过于光滑的橡皮布,其吸墨性和对油墨的转移效果都将下降,而且容易产生釉光,并吸附纸毛,因此橡皮布在生产时应对其表面做适当的粗糙处理,使表面均匀分布着无数细小的砂目。当橡皮布使用时间很长而变得光滑时,应用清洗剂把表面的亮膜清洗除去。

3)硬度

硬度是指橡皮布表面胶层受外加压力作用下而不产生压缩形变的能力。不同类型的橡皮布,其硬度都不相同。一般地,橡皮布的硬度是根据胶印机类型、工作速度而设计的,通常以满足滚筒的转印条件为原则。在印刷过程中,橡皮布是在压印力作用下工作的,其压缩程度与压力和衬垫的性质有关。橡皮布硬度的高低与印版耐印力、油墨转移、印刷网点的清晰度和印刷机制造精度等有密切关系。若橡皮布的硬度较高,印刷的网点清晰、完整,但印版容易磨损,会降低耐印力,而且对印刷机的制造精度要求较高。若硬度较低,则容易引起橡皮布的扭曲而使印刷网点变形,降低了印刷品质量。

4)厚度

厚度是指橡皮布上下两表面的垂直距离。根据不同的印刷方式和印刷机的要求,橡皮布的厚度有不同的要求,如转印橡皮布的厚度一般为 1.6 ~ 1.9mm,而衬垫橡皮布的厚度范围较宽,在 0.5 ~ 2.6mm 之间。橡皮布在被张紧后,厚度会相应减小,减少的厚度要靠衬垫来弥补。滚筒上橡皮布和衬垫的厚度决定着印刷压力的大小,并最终影响印刷品的质量。

2. 机械性能

1)抗张强度

抗张强度是指橡皮布在受张力作用时抵抗拉伸变形的能力,其大小是由橡胶层和纤维织布层所决定的,但主要取决于纤维织布层。安装在橡皮滚筒上的橡皮布在圆周方向受到很大的拉力作用,这会促使橡皮布的长度、厚度、硬度和弹性等发生变化。如果橡皮布的抗张强度不足,橡皮布易在张紧状态下突然断裂或在滚筒的滚压周期内不能瞬间恢复弹性,以致增大压缩变形量而被扯断。

2）伸长率

伸长率是指橡皮布在一定拉力作用下被扯断时所伸长的长度与原长度的百分比值。橡皮布的伸长特性主要取决于橡皮布纤维织布层的密度和结构强度。印刷要求橡皮布伸长率越小越好，一般张紧在滚筒上的伸长率应不超过 2%，这样才能保证图文在复制过程中的套印精度和网点的完整与清晰。若伸长率过大，橡皮布容易被拉伸而变薄，弹性降低，硬度增大，会引起网点增大变形。

3）压缩变形量

压缩变形是指橡皮布在经过多次压缩后产生的永久变形的程度。印刷过程中，橡皮布是在周期性的压缩－恢复－压缩－恢复的变化中进行的。这种无数次的周期性变化使橡皮布产生压缩疲劳直至出现不能恢复的永久变形，致使橡皮布的厚度变小，弹性降低，硬度增加，严重时橡皮布不能继续使用。因此，印刷时要求橡皮布的压缩变形越小越好。

3. 化学性能

1）耐酸性

在印刷过程中，橡皮布在吸附油墨的同时，也不断地吸附印版上一定量的润版液，而润版液多数是酸和盐的组合物，其 pH 值在 4.5 ~ 5.5 之间，它对橡皮布的结构和各项性能有直接的影响。若橡皮布的耐酸性不足，则印版上的润版液吸附在橡皮布表面的同时，也会渗透进入橡皮布表面胶层内部，长此以往会造成胶层老化，降低纤维织布层的强度，并使橡皮布的耐酸性能进一步恶化。如果长时间不清洗橡皮布表面，则润版液易在表面形成一层薄的亮膜层，使表面胶层对油墨产生排斥性，油墨转移率下降。

2）耐溶剂性

在印刷和保养过程中，常使用清洗剂洗净橡皮布表面的残留墨膜和其他物质，以保持表面的爽滑性和平滑度，维持对油墨和润版液的吸附能力。而在目前的印刷生产中，大多还使用汽油或汽油和煤油的混合液，也有采用酯类、醇类和苯类等溶剂的。这些化学溶剂对橡皮布表面胶层的结构和性能会造成一定的影响。

3）耐油墨性

印刷过程中吸附在橡皮布表面胶层上的油墨，在印刷压力的挤压作用下，很容易使其中的干性油和石油溶剂等渗透至胶层内部，长时间会引起橡胶膨胀发黏，导致橡皮布的弹性和机械强度下降，从而会破坏其印刷适性，缩短橡皮布的使用寿命。

4）耐老化性

老化是指橡皮布出现膨胀、胶层发黏、龟裂或硬化的现象。耐老化性是指橡皮布在光、氧、热、化学溶剂和气候条件等各种因素长时间的作用下，抵抗老化，维持原有功能的能力。橡皮布的老化主要是由其本身的结构所决定的，也与橡皮布的使用和保养有着密切的关系。

3.3.5 橡皮布的印刷适性

橡皮布的印刷适性是指橡皮布与其他印刷材料以及印刷条件相匹配，适合于印刷作业的性能。橡皮布良好的印刷适性可使网点再现性好、墨色均匀、印迹清晰度高、套印准确。橡皮布的印刷适性主要包括压缩变形性、拉伸变形性、回弹性、吸墨性、传墨性和剥离性等。

1. 拉伸变形性

拉伸变形性是指橡皮布在拉力作用下产生形变的能力。橡皮布的拉伸变形性表现在三个方面，即在拉力作用下，橡皮布在受力方向上的长度增加、横向尺寸缩短、厚度减小。

在印刷时，橡皮布是包覆在滚筒上使用的，在橡胶和织布的抗张应力范围内，拉力越大，橡皮布的伸长率也越大，横向尺寸缩短率和厚度减小率也越大。因此安装橡皮布时，应在橡皮布的咬口和拖梢部位两端都施加均匀拉力，这样才能使橡皮布在滚筒上具有足够的、均匀的拉紧程度，从而保证橡皮布在高速运转中不发生相对位置的变动。另外，橡皮布在拉伸时所引起的厚度变化会对橡皮布的弹性和硬度产生影响。要使安装在滚筒上的橡皮布具有最佳的张紧程度，又要控制橡皮布的拉伸变形、横向缩短以及厚度变化，就要严格掌握拉力的大小，这不仅能保证印刷质量，还能有效提高橡皮布的使用寿命。

2. 回弹性

回弹性是指橡皮布在外力作用去除后能否瞬间恢复到原来状态的能力，又称瞬时复原性。胶印的转印过程就是利用橡皮布所具有的高弹性能，以最小的压力和摩擦系数，便可完成图文墨膜的传递，达到图文清晰、层次丰富、墨色饱满的印刷效果。若压印后的橡皮布回弹性不好，则橡皮布会产生一定的塑性变形，不能完全恢复到原状，这样橡皮布与印版滚筒、压印滚筒之间就不能充分接触并保持原有的线压力，橡皮布表面就无法良好地吸附和传递油墨，导致前后墨色不均等故障。

橡皮布的回弹性与橡胶分子的结构形状以及橡胶中硫化剂、填料、软化剂的品种和质量有关。橡皮布的回弹性随印刷压力及橡胶老化程度的增加而逐渐降低。

3. 吸墨性

吸墨性是指橡皮布在印刷压力的作用下，其表面吸附油墨的能力。橡皮布的吸墨性取决于橡皮布的表面状态和印刷条件。橡皮布表面在成型前需要经过精磨处理，以获得一定的砂目，增强表面的吸墨能力。长时间使用后的橡皮布表面会出现一层亮膜，它会降低吸墨性，必须按一定的时间周期把这层亮膜清除掉。

4. 传墨性

传墨性是指橡皮布在印刷压力的作用下，把油墨转移到承印物表面上的能力。在胶印过程中，橡皮布从印版上所吸附的墨量约为50%，从橡皮布转移到纸张上的传墨量为75%左右，故实际上从印版转移至纸张上的墨量只有38%左右。橡皮布的传墨性与印刷压力、印刷速度、纸面平滑度、橡皮布表面胶的品种与质量、橡皮布的表面状态以及橡皮布的硬度、弹性和老化程度等有关。

5. 剥离性

剥离性是指在压印力作用下，橡皮布与印张的剥离能力。一般来说，影响橡皮布剥离特性的主要因素是表面胶层的化学成分、硬度及其表面光滑度和电性能等。当然，还与油墨物理性能、纸张的表面形状、印刷品的图文状态等因素有较大关系。在剥离过程中，从橡皮布上剥离的印张，由于在高的剥离速度下会受到较大的剥离张力，常会引起伸长或起皱、拉毛，甚至剥纸断裂故障。这不但增加了废品率，还会引起纸毛、纸粉在橡皮布或印版表面的大量堆积，从而损伤橡皮布。现在已出现一种快速剥离的橡皮布，其组成结构中具有快速剥离纸张的表面胶层，能适应黏性较高的油墨，不致引起拉毛或剥纸现象。

3.3.6 橡皮布的保管、使用和保养

橡皮布的质量与印刷质量有着直接的关系，正确保管、使用和保养橡皮布，确保橡皮布的有效使用期限和印刷性能的稳定，是保证印刷品质量的前提条件。

1. 橡皮布的保管

保管橡皮布时,应注意以下事项:

(1)橡皮布应存放在密闭的容器内或通风好、干燥、阴凉的地方,避免强光照射,温、湿度环境以温度为20℃左右,相对湿度为70%左右为宜。

(2)橡皮布不能与电磁场、化学药剂、酸碱溶剂类接触。这些物质会使其表面胶层发黏、结皮、硬化或干裂,影响橡皮布的使用甚至使其表面产生细小裂缝而报废。

(3)橡皮布应面对面或背对背地平放,避免橡胶层和织布层接触,同时不应受到过分挤压。

(4)橡皮布也有保效期限,一般为1年或1.5年(从成品日期起计)。如超期保存而未使用,橡皮布的机械和化学性能都将逐渐下降,因此应根据实际需要确定橡皮布的储备量。

2. 橡皮布的使用

印刷橡皮布的使用,要根据印刷机类型、纸张及印刷品质量的要求等来选用,并且正确掌握使用方法和技术要求,包括橡皮布的裁切、打孔、安装与检测等内容:

(1)裁切橡皮布时要注意其上的标记线,按照规定裁切实际尺寸,并使标记线与滚筒轴线垂直。若橡皮布裁切歪斜,就会因受力不均而加大橡皮布的伸长率,容易产生蠕动或扭曲,引起图文或网点的变形,严重时产生"双印"等工艺故障。另外,裁切的橡皮布长边与短边必须垂直,橡皮布的咬口边与拖梢边的裁切线必须平行,橡皮布拉紧后各点受力应均匀。

(2)在裁切好的橡皮布上,按铁夹板孔眼的位置,在橡皮布两边冲出两排相互平行的小孔,小孔的直径应略小于铁夹板孔眼的直径。孔与孔之间的中心连线应与橡皮布的标记线成直角,铁夹板的一边应与橡皮布的边线重合。装夹时,橡皮布两端的孔眼位置要保持平行,夹板螺丝应均匀紧固,一般是交错张紧咬口边和拖梢边的螺丝,不能紧固完一边再去紧固另一边。

(3)橡皮布固定在铁夹板上后,把橡皮布的反面(纤维织布面)润湿,然后安装在胶印机的橡皮滚筒上,橡皮布的下面应放置衬垫,用扳手将橡皮布张紧。张紧时应从中间开始,再向两端将夹板螺丝拧紧,用力要均匀一致。装完橡皮布后,可通过印刷实地版来检测安装质量,出现问题进行调整或重新安装。

3. 橡皮布的保养

正确地保养好橡皮布,可以提高其印刷适性,延长使用寿命,提高印刷质量。防止橡皮布老化,可以从以下几方面入手:

(1)勤清洗橡皮布,除去其上的纸粉、纸毛等脏物,注意清洗剂要合适。用清洗剂擦洗完橡皮布后,应立即将清洗剂擦干,否则清洗剂中的溶剂会渗透到橡皮布中,严重时会使橡皮布产生膨胀、脱层等问题。

(2)若停机时间较长,必须松开橡皮布,使其处于松弛状态,并在表面涂抹滑石粉,这样有利于橡皮布恢复内应力。

(3)橡皮布的衬垫物要平整,厚度要符合要求。

3.4 胶辊

胶辊是胶印机输墨系统和润湿系统的主要构件,其功能是向印版传递、涂布油墨或润版液。胶辊辊面材料的性能,对印版上涂布的墨膜和水膜的均匀性、印版的耐印力及印刷品的质量有着较大的影响。

在胶印机上,供墨系统由供墨、匀墨和着墨三个部分组成,而润湿系统由供水、匀水和着水三个部分组成。这两个系统的各部分组成构件均是胶辊。

3.4.1 胶辊的结构

胶辊是以金属为辊芯,胶层为辊面的圆柱体,辊芯的两端是轴颈。在胶印机上,按胶辊的工作性质及其功能,一般分为墨辊和润湿辊(也称水辊)。

胶印机上的胶辊,除刚性辊之外,多数是软质胶辊,一般由辊芯和橡胶层组成,如图3-10所示。

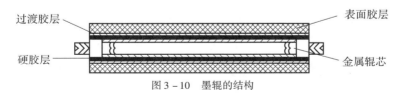

图3-10 墨辊的结构

橡胶层主要是由表面胶层、过渡胶层和硬胶层三部分构成。表面胶层是墨辊的主要部分,起着均匀传递油墨的作用;过渡胶层起着黏接表面胶层和硬胶层的作用;硬胶层起着黏接金属辊芯和过渡胶层的作用。

金属辊芯是印刷墨辊的骨架部分。为了使橡胶层能更好地与辊芯结合,在辊芯表面车有螺纹,螺纹一端为左旋,另一端为右旋,中间一段没有螺纹,作为检验辊体对轴头的跳动之用。金属辊芯是一个实心或中空圆柱体,辊芯的壁厚应均匀一致。金属辊的重心必须平衡,不允许有摆动和弯曲。

3.4.2 胶辊的分类与规格

胶印机所用的胶辊,由于所处工作位置及其作用不同,其种类、规格和尺寸也不尽相同。

1. 胶辊的分类

胶辊一般有如下分类方式:
(1)按辊芯结构分,有重型胶辊和轻型胶辊两类。
(2)按辊面材料分,有橡胶胶辊、塑料胶辊、尼龙胶辊和合成树脂胶辊等几类。
(3)按胶层硬度分,有硬质胶辊和软质胶辊两类。
(4)按工作性质分,有输墨用胶辊(简称墨辊)和润湿用胶辊(简称水辊)两大类,其中又包含传墨辊、传水辊、匀墨辊、匀水辊、着墨辊、着水辊等。

2. 胶辊的规格

胶辊的规格指胶辊的直径、长度和胶层厚度等指标,也包括辊芯两端的轴颈尺寸和几何形状。
(1)直径。胶辊的直径因机型不同而不同,即使是同一机型,同一类胶辊的直径也有可能不同。胶辊直径误差一般在 ±0.5mm 内。
(2)长度。胶辊的长度是指胶辊辊面胶层的长度,它主要取决于胶印机的印刷幅面的最大尺寸。
(3)厚度。胶辊辊面胶层的厚度主要取决于辊芯的直径和胶层结构尺寸。一般地,当辊芯直径为 40~60mm,胶层的总厚度通常在 10~25mm。

3.4.3 胶印对胶辊的基本要求

胶印对胶辊的基本要求如下:
(1)胶辊的表面应尽可能地光滑。当然,有些场合下胶辊需要做成有纹理的,但大多数胶辊还是要求具有光滑的表面。胶辊应是规则的圆柱体,其尺寸须严格地控制在公差范围内,而且辊子的尺寸在温、湿度变化的情况下也不允许有很大的变动,这就要求制作胶辊的材料要有较高的熔点,并能适应印刷车间的高湿度条件。如果生产的胶辊是用来供应各地的,则生产时要考虑到材料能否适应潮湿气候和干燥气候的环境。实际上,胶辊在变化的条件下可以允许有一定的膨胀或收缩,但不能发生较大的变形或丧失机械强度,不至于对印刷效果造成太大影响。

(2)胶辊必须能耐油墨腐蚀,而且不会使油墨中的任何成分析出,同时在油墨的作用下尺寸不应发生变化,也不能发生变形,油墨中的组分不应渗透进入胶层内部中。否则,胶辊变形将无法使用,且进入胶辊孔隙中的油墨组分容易干结固化,难以清洗除去。

(3)胶辊要有很好的亲墨性能,要使油墨能黏附在胶辊的表面,同时又能很容易地传递到其他辊子的表面。

(4)胶辊必须有足够的弹性,以保证不需使用太大的压力就能对硬质印版表面着墨,且要求辊子在将油墨传递到印版上之后,脱离印版后能立刻恢复原来的形状。

(5)胶辊的包覆材料必须具有一定的硬度和足够的耐久性,以抵抗在高速运转下墨层剥离的力量。要求包覆材料不氧化、老化,并具有很好的耐磨特性。同时,胶辊包覆材料和芯轴的黏接能力应良好,并且能持久保持一定的强度。

3.4.4 胶辊的基本性能

1. 外观性能

1)光洁度

光洁度是指胶辊辊面胶层所呈现的光滑的显微程度。胶层的光洁度取决于铸模内壁的粗糙度或表面磨光加工时所选用的砂轮粒度及其工艺条件,胶辊表面的光洁度一般要达到细磨级。胶层表面上润版液或油墨的铺展和附着性除了取决于胶料自身固有性质外,还与其表面光洁度密切相关。若胶辊表面过于光滑或过于粗糙,都会造成辊面附着的润版液或油墨膜层不均匀或凹凸不平,从而影响油墨及润版液的传递和转移,严重时甚至无法形成均匀一致的膜层。

2)洁净度

洁净度是指胶辊辊面胶层清洁、干净的程度。胶辊辊面胶层是接受和传递润版液或油墨的作用面,其表面洁净状况直接影响着润版液和油墨的吸附作用。

一般地,洁净的表面能使胶层的表面性能得到充分显现。反之,如果辊面存在着局部或细微的脏污时,则会降低或失去表面应有的特性。严重时,还会造成局部或整体脱墨。

3)均匀性

均匀性是指胶辊表面橡胶层在各个方向上均匀分布的程度。胶辊的均匀性差,主要表现在胶辊表面色泽不均匀,墨辊表面或橡胶层内有气泡、砂眼、针孔、缺胶和杂胶等现象,并直接影响到胶辊的其他性能,如弹性、硬度和机械强度等。

4)圆柱度

圆柱度是指胶辊整体在其长度方向上的圆直程度。胶辊的圆柱度主要取决于辊芯体与其复合胶层的同轴度。由于胶辊在制作时所采用的材料和工艺不同,在其成型过程中受铸模、定位部件精度或磨削加工精度的影响,其圆柱度和同轴度一定会存在一些偏差。在印刷过程中,胶辊的圆柱度不仅影响胶辊在径向转动和轴向移动时的工作平稳性、胶辊与刚性辊间的接触精度和压力大小,而且也直接影响着润版液和油墨的转移和分离状态,尤其影响着胶辊与印版间的接触精度和压力大小。目前,胶辊的圆柱度允许公差为 0.3mm。同轴度偏差小于 0.7mm。

2. 机械性能

胶辊的机械性能主要取决于所用胶料的分子结构和助剂的性质。一般地,胶辊的机械性能包括如下几项。

1)硬度

硬度是指辊面胶层在受力作用时,抵抗外力压入的能力。胶辊表面胶层的硬度,主要取决于所用胶料的种类以及胶辊本身胶层的结构特性,它是决定胶辊机械性能和传递性能的重要指标。特别是与印版直接接触的着水辊和着墨辊,若硬度偏高时,对印版的图文部分和空白部分都会造成不同程度的不良后果,影响印版的耐印力;若硬度偏低时,则会影响其传递性质。胶辊的硬度也与弹性有关,其硬度愈大,弹性愈小,对油墨的吸附能力也小;反之相反。

在印刷过程中,胶辊因滚压摩擦而逐渐生热,从而产生"热老化"现象,长时间后其硬度会上升,直至出现龟裂故障。

2)回弹性

回弹性是指辊面胶层在受外力作用压缩变形后能瞬间恢复原有外形尺寸的性质。胶辊回弹性的大小与其所选用原料的性质、加工方法等有关。在胶印过程中,胶辊的回弹性是影响润湿和着墨状况的主要因素,它对于润版液和油墨液膜的传递、转移和分离,以及印刷质量的形成都有着重要的作用。若胶辊的回弹性不足,容易造成受压后产生永久变形,对润版液和油墨的传递均不利。

3)抗张强度

抗张强度是指胶辊的橡胶层在受拉力作用至断裂时单位面积上所能承受的最大拉伸应力。胶辊在运转中,虽然工作位置不同,其所受外力亦各有差异,但它们都受到一定的外力作用。一般来说,刚性辊与弹性辊承受压力接触运转时,弹性辊的表面胶层就会被拉伸,尤其是与串墨辊接触时,由于同时存在着由左到右和由右到左的轴向移动和径向转动,因而使辊面胶层受到一定的拉伸作用。若胶辊的抗张强度不足,使用一段时间后,胶层就会出现裂纹,严重时会扯断胶层。为了满足高速印刷的要求,胶辊必须具有足够的抗张强度。

4)伸长率

伸长率是指胶辊的胶层在受力拉伸时伸长的长度与原长度的百分比值。胶辊的伸长率与其硬度有一定关系,胶辊硬度越低,其受力时伸长率越大。另外,胶辊的伸长率与其吸收局部冲击负荷的能力和吸收振动的能力有关,胶辊吸收局部负荷和吸收振动的能力越强,就越有利于印刷机的平稳运转。

5)耐疲劳性

橡胶承受交变循环应力或应变时会引起局部结构变化和内部缺陷的加大,橡胶抵抗这一变化的能力称为耐疲劳性。橡胶疲劳的实质就是受力和受热作用时橡胶产生老化的现象。胶辊在使用时受到拉伸、压缩和摩擦生热的作用,特别是着墨辊和着水辊受到周期性力的作用,如果其耐疲劳性差,则辊面易出现龟裂,严重时会断裂,这将大大影响油墨和润版液的供应及传递。

3. 化学性能

1)耐油墨性

耐油墨性是指胶辊的胶层抵抗油墨渗透侵蚀的能力。胶辊的耐油墨性不仅取决于所用胶料的固有性质、胶层结构的致密性,还与油墨中连结料的化学性质有关。在印刷过程中,胶辊在高速滚压下周而复始地接受、传递和转移油墨,附着在辊面上的剩余墨层,其连结料中的干性植物油和溶剂会不断地向胶层内部渗透,日积月累,致使胶辊出现膨胀、发黏甚至开裂,从而影响其对油墨的吸附、传递和转移能力,严重时无法使用。

2)耐酸性

耐酸性是指胶辊的胶层抵抗酸性物质侵蚀的能力。在润湿系统中,对于包覆外套(如水绒套)的胶辊来说,由于连续不断地接受、传递润版液,这些附着在外套上的润版液会因毛细管作用逐渐渗透入胶层内部,使胶层产生膨胀,进而影响其对润版液的吸附和转移。

3）耐溶剂性

耐溶剂性是指胶辊胶层抵抗各种化学溶剂渗透侵蚀的能力。胶辊在日常的使用和保养过程中，为了保持辊面的洁净，通常要用汽油、煤油或清洗剂等有力溶剂，将附着在辊面上的油墨、堆积物等除去。这些溶剂与胶辊接触后，会逐步地渗透进入胶层内部，使橡胶分子产生加成、取代、裂解和结构变化等反应，导致橡胶失去高弹性，并产生溶胀现象，也有因渗入的溶剂挥发而产生体积收缩的现象。若此时受力过大，容易造成胶层局部脱芯等故障。

4）耐老化性

耐老化性是指胶辊在受到光、热、氧气等作用时所表现出的抵抗老化的能力。胶辊胶层老化是由各种化学变化而引起的，伴随老化现象的加重，胶层逐渐变得僵硬、发脆，丧失弹性，其机械性能也大大下降。

印刷油墨中添加的干燥油，由于含有钴、锰化合物，它们会加速胶辊的老化作用，因此印刷完成后对胶辊的及时清洁和保养是十分重要的。为了保持胶辊的各种良好性质，防止过早老化，在设计配方时，通常都添加防老化剂，并注意正确使用和保管，否则防老化剂不但起不到抑制老化的作用，反而会加速胶辊的老化。

3.4.5　胶辊的印刷适性

在胶印过程中，胶辊的印刷适性是指胶辊从水斗辊接受润版液或从墨斗辊接受油墨开始，经匀水和匀墨后，直至将润版液和油墨先后均匀地铺展在印版表面，其在传递、转移过程中表现出的与润版液、油墨、印版和其他工作条件相匹配，适合印刷作业的性能。

1. 润湿性

润湿性是指胶辊与油墨或润版液接触时，其辊面被液膜（或墨膜）浸润的能力。胶辊的润湿性不仅取决于油墨（或润版液）的内聚力与附着力的大小，也取决于两相界面自由能或界面张力的大小。胶印机输墨系统的胶辊，主要利用极性橡胶或其他高聚物作为辊面材料，它们具有亲油斥水性，保证了图文部分良好的着墨效果。润湿系统的胶辊应具有亲水抗油性能，以保证空白部分良好的润湿状态。

胶辊在使用和保养过程中，如有不当，则辊面会出现硬化、龟裂等现象，或自然老化加快，这将引起辊面润湿性的改变，并最终影响到胶辊对润版液和油墨的传递及转移能力。

2. 传递性

传递性是指胶辊在接触力的作用下,对油墨或润版液的吸附、传递和转移能力。在输墨系统中,油墨在墨辊间的传递是由于辊隙的分离作用将其转移到印版表面的,墨层在两个墨辊间对等分离。通过控制胶辊间的接触压力和接触带宽度,可以保持墨辊良好而又稳定的传递性。墨辊的表面状态、弹性、硬度以及油墨的流动性会影响到墨辊对油墨的传递性。

3. 耐气候性

耐气候性是指胶辊耐抗环境温度、湿度变化的影响及其自身在滚压状态下抗摩擦生热的能力。在胶印过程中,胶辊的尺寸稳定性是保持其各项物理机械性能的基础。一般地,胶辊在滚压状态下传递、转移油墨时,由于其辊径小,角速度快,所受摩擦较大,尤其是在高速印刷状态下,容易导致辊体和辊表面积聚热量,长时间后会加速胶辊的热老化,致使胶层逐渐软化而改变其外形和尺寸。目前,胶辊的工作温度常控制在 20 ~ 70℃ 之间。温度过低,胶辊也会因硬化而失去高弹性。

4. 耐磨性

耐磨性是指胶辊在印刷时抵抗磨损而保持其物理化学性能的能力。在印刷过程中,各个胶辊之间都存在着摩擦,这必然会造成对胶辊的磨损,致使其形状和尺寸变化,并最终影响胶辊对油墨、润版液的传递、转移能力。胶辊的耐磨性与其工作温度有密切关系。当低于15℃ 时天然橡胶的耐磨性较好;而温度高于15℃ 时丁苯橡胶的耐磨性则更好。墨辊的耐磨性还与橡胶层的材料有关,一般地,聚氨酯橡胶的耐磨性要好些。

3.4.6 胶辊的选择、使用与保养

1. 胶辊的选择

胶辊在印刷机上用作供墨胶辊、传墨胶辊、匀墨胶辊和着墨胶辊,不同用途的胶辊要求具有不同的性能。选择好合适的胶辊,不仅可以降低胶辊的损耗,还能提高印刷的质量。

(1)胶辊与调墨油或树脂接触不会发生膨胀也不会发生其他变形。

（2）应具有足够的表面黏性，对油墨也有足够的亲和性。

（3）胶辊的硬度和弹性要合乎需要，并在整个使用期间都必须保持基本不变。

（4）金属辊芯和最终完成的胶辊要求有精确的尺寸，偏差在公差范围内，以保证在较低的压力作用下就能很好地传递油墨。

（5）胶辊应不受水分的影响，不能因与水分接触就发生膨胀和体积变形。

（6）胶辊能吸附油墨但不能吸收油墨，否则胶辊难以清洗干净。

（7）对辊芯黏接牢固，便于储存。

（8）胶辊本身加工精度和稳定性都要求很高，故不能安装缓冲装置。

综合以上性能要求，平版印刷用胶辊大多采用天然橡胶辊，它适合高速胶印机和快固着油墨，但其表面黏度不够好，且承载油墨的能力有限，并会吸收油墨中的一些成分。而聚氨基甲酸酯胶辊有极好的表面黏度，在印刷大面积实地时不会出现环状白斑。对于网目调印刷来说，聚氨基甲酸酯胶辊有较好的印刷效果。

2. 胶辊的使用

胶辊在使用时应注意如下几点：

（1）要注意胶辊在印刷机上必须安装好，否则就无法适当地调整辊子，而且在印刷机运转时辊子不能出现摇摆和磨损的现象。安装时，辊颈与轴承配合要保证一定的技术精度。拆卸时，应轻拿轻放，不应碰撞辊颈和辊面胶层。

（2）胶辊必须在适当的压力下才能很好地匀墨，着墨辊所受压力要比匀墨辊稍大一些，这样它就不会与印版之间发生滑动。着墨辊必须与印版的所有部分都接触上，而且要求压力实而均匀。

（3）当印刷机停止运转时，印刷机上不得有任何辊子变热和变干，也绝不允许仍有辊子压在印版上，应及时脱离接触，卸除负荷，以防静压变形。胶辊也绝不可掉在硬地板上（如水泥地面），否则会损坏辊芯。

（4）胶辊必须在油墨干燥变硬之前进行清洗。不进行有效的清洗，胶辊就不能很好地匀墨，而且其亲墨性能也将受到破坏。

（5）油墨中不得含有损坏胶辊的溶剂，否则溶剂会使胶辊膨胀或润胀，最后使其失效。

3. 胶辊的保养

保养的目的在于使胶辊保持稳定的机械性能、化学性能和印刷适性，以延长

使用寿命。胶辊的保养,一般应注意以下几个环节:

(1)养护。胶辊在使用前或使用后,均须及时用清洗剂将辊面彻底清洗干净,以保持辊面的黏着性能和理想的工作状态。如清洗不净,残留的污垢会使辊面凹凸不平,甚至氧化结皮。若长时间不用胶辊,清洗洁净后,还应在辊面涂布防黏剂。在使用过程中,对于不同的胶辊辊面材料,应注意其温度变化情况,一般应控制在70℃以内。应防止胶辊与强酸、强碱或有机溶剂长期接触,以免遭受侵蚀。

(2)保管。胶辊应妥善地呈垂直或水平状态,架空存放在室温为 10～30℃,相对湿度为 50%～80% 的库房内,或存放在通风、阴凉和干燥的场所。严禁辊面互相堆叠、挤压,以防胶层黏连及受压变形。应避免阳光直射或热辐射,防止胶层加速老化。更不可与酸碱、油类和尖硬物质等存放在一起,以免碰伤胶层、腐蚀辊颈。

(3)储存。胶辊入库时,应标明储存性质(如备用品或轮休品)、所属机型、规格、保效期限(或出厂日期),以防储存过久引起胶层老化、龟裂、辊颈锈蚀等现象。

3.5 润版液

在有水参与的平版胶印印刷中,印版上不着墨的空白部分和着墨的图文部分几乎处于同一个平面(相差几个微米),无法利用印版上图文部分或空白部分的凸起或下凹来选择性吸附油墨,而是利用油水不相溶的原理实现选择性吸附的。通过印前图文信息处理后得到的平版印版,由于印版上的图文部分是由感光性高分子构成的,空白部分主要是由氧化铝构成的,在没有开始印刷之前,印版上图文部分是亲油墨而排斥水的,而印版上空白部分则对油墨或水没有明确的选择性。因此,在平版印刷中,一定要先对印版供水,在印版的空白部分覆盖一层抵抗油墨的"水"膜,再对印版供墨,使油墨附着在印版的图文部分,最后在印刷压力的作用下,印版图文部分的油墨经橡皮布滚筒转移到承印物上,完成一次印刷。这里的水并不是纯水,而是由各种弱酸、盐、氧化剂、胶体、表面活性剂等物质溶于水中所组成的具有特定性能的混合溶液,这种混合溶液被称为润版液。

3.5.1 润版液的作用

平版印刷中使用的润版液,其主要作用有三个:

（1）在印版的空白部分形成均匀的水膜，以抵制图文上的油墨向空白部分浸润，防止脏版。

（2）由于橡皮滚筒、着水辊、着墨辊与印版之间相互摩擦，造成印版的磨损，而且纸张上脱落的纸粉、纸毛又加剧了这一过程，因此，随着印刷数量的增加，版面上的亲水层便遭到了破坏。这就需要利用润版液中的电解质与因磨损而裸露出来的版基金属铝或金属锌发生化学反应，以形成新的亲水层，维持印版空白部分的亲水性。

（3）控制版面油墨的温度。一般油墨的黏度，随温度的微小变化会发生急骤的变化。为了使油墨的黏度保持稳定，必须严格控制版面的温度。润版液的挥发会带走部分热量，以抵消着水辊、着墨辊和橡皮滚筒与印版摩擦而产生的热量，使印版表面温度保持稳定。

3.5.2 润版液的组成和类型

根据润版液的成分不同，目前使用的润版液主要有普通润版液、酒精润版液和非离子表面活性剂润版液等几种类型。各种不同类型的润版液都是在水中加入某些化学成分，配制成浓度较高的原液，使用时用水稀释或制成粉状固体溶于水中而成的。

1. 普通润版液

普通润版液是一种很早就开始使用的润版液。普通润版液的配方很多，主要成分有弱酸、弱酸盐、氧化剂、水溶性胶体及一些有机酸，如柠檬酸等，可以根据胶印机或印刷材料不同对以上组分进行组合，形成在性能上略有区别的普通润版液。

印版的空白部分覆盖着亲水的氧化铝薄层，在印刷过程中，由于着水辊、着墨辊、橡皮滚筒对印版的挤压和摩擦，亲水层会被磨损，如果得不到及时的修补，版面空白部分的润湿性能将遭到破坏。润版液中的磷酸能和印版空白部分裸露出来的金属发生化学反应，重新生成磷酸铝，这样便维持了印版空白部分的亲水性。磷酸属于中强酸，除了具有维持印版空白部分亲水性的作用外，还具有清除版面油污的作用。

在润版液中，为了维持一定的酸碱度，一般在加入弱酸的同时加入弱酸盐，以构成缓冲溶液，达到控制润版液酸碱度的目的。

润版液中的胶体，如阿拉伯树胶，是一种亲水性可逆胶体，不仅对印版空白部分有保护作用，而且改善了润版液对印版的润湿性。

有些润版液配方中含有柠檬酸,是一种对金属具有良好的清洗作用的有机弱酸,价格低廉,副作用小,在润版液中,加入适量的柠檬酸,可以提高润版液去除版面墨污的效果。

普通润版液中所含的物质都是非表面活性物质,这些物质加入水中以后,不但不会使水的表面张力降低,反而会使水的表面张力略有上升,这无疑会影响润版液对空白部分的保护,必须通过增大供水量来维持水墨平衡,但这样又会给印刷过程带来很多麻烦,因此,虽然普通润版液配制容易,而且便宜,但目前使用的厂家越来越少。

2. 酒精润版液

为了提高润版液对印版空白部分的润湿能力,必须设法降低水溶液的表面张力,在普通润版液中加入乙醇、异丙醇等低碳链的醇,可以起到降低水溶液表面张力的作用。

酒精润版液一般是在普通润版液中加入乙醇或异丙醇构成的,润版液中各组分的作用与前述相同,异丙醇与乙醇相比,价格上便宜一些,但是异丙醇的挥发速率比乙醇要低一些。

乙醇改善了润版液在印版上的铺展性能,大大地减少了润版液的用量,因此也减少了印张沾水引起尺寸变形而导致的套印不准和由于水量过大而引起的油墨的乳化。同时,由于乙醇的蒸发潜能比水要低,更容易挥发,挥发时能带走大量的热量,使版面温度降低,对保持油墨黏度的稳定性有很大作用,从而可以减少网点扩大,非图文部分不易沾脏。因此,使用酒精润版液能印刷出高质量的印刷品。

但是,在润版液中使用乙醇也有一些弊端。首先,乙醇挥发快。如果控制不当,会使乙醇浓度降低,润版液表面张力升高,润湿效果减弱,必须及时检测和补充消耗掉的乙醇,并设法降低润版液的温度以减少乙醇挥发量,一般润版液的温度应控制在10℃以下。其次,乙醇的挥发对环境不利。在各行各业越来越重视环境保护的今天,如何减少印刷中的VOCs(挥发性有机化合物),是亟待解决的问题。

3. 非离子表面活性剂润版液

为了有效地降低润版液的表面张力,同时又不产生对环境的不利影响,近些年,将非离子表面活性剂加入润版液中,替代酒精来降低润版液的表面张力。表面活性剂分子具有特殊的两亲结构,加入体系中,可以明显降低水溶液的表面张力或界面张力。根据表面活性剂分子解离或不解离及解离后的状态,可以将表面活性剂分成阴离子、阳离子、两性离子、非离子等种类。不同种类的表面活性剂具有不同的亲油－亲水平衡值(HLB 值)。为了减少表面活性剂解离所生成的离子与润版液中其他电解质发生反应,在润版液中都选用一些非离子表面活性剂,如聚醚、烷基醇酰胺或低分子硅酮树脂等。

非离子表面活性剂润版液,一般是把非离子表面活性剂加入含其他电解质的水溶液中配制而成的。由于非离子表面活性剂在体系中的含量很低,因此,对润版液的其他组分几乎没有影响。非离子表面活性剂润版液比酒精润版液的成本低,无毒性,不含 VOCs,从工艺和印刷机的构造上,不需要配置专用的润湿系统,可以方便地使用。

3.5.3 润版液的性质

润版液的 pH 值、表面张力及电导率等对平版胶印印刷过程有重要影响,不仅润版液的组分不同、含量不同会影响润版液的性质,而且,配制润版液所使用的水的品质不同也会对润版液的性能造成影响,进而对油墨的流变性质、油墨的乳化造成影响。

1. 润版液的 pH 值

润版液的 pH 值对平版印版的耐印力、对油墨的转移、对润版液的表面张力等都有影响,必须严格控制。

(1)平版印版中的金属铝在强酸和强碱中很不稳定。在弱酸性介质中,有利于形成亲水盐层,如果润版液 pH 值过低或过高,印版的空白部分就会受到深度腐蚀,出现砂眼。更为严重的是,随着印版空白部分腐蚀的加剧,印版图文部分的感光树脂与金属版基的结合可能遭到破坏,因为,印版图文部分的重氮感光树脂在碱性条件下会发生溶解,使印版图文部分脱落,发生"掉版"现象。这是平版印刷中的一种故障。

(2)平版印刷所用的树脂型油墨中,常常加入一些促进干燥的辅助成分,当润版液的 pH 值过低时,其中的 H^+ 会与这些成分发生化学反应,使催干剂失效。油墨干燥时间的延缓,会加剧印刷品的背面蹭脏,还会影响叠印效果。然而,润版液的 pH 值较高时,润版液中的 OH^- 增加,由于电离平衡,会使 $RCOO^-$ 增加,而 $RCOO^-$ 是典型的阴离子表面活性剂,会使体系中油墨－水的界面张力降低,从而加剧油墨的乳化。可见,润版液 pH 值过高或过低都会给平版印刷带来种种弊端。

　　影响润版液 pH 值的因素主要是润版液的品种和润版液原液的比例,目前,市场上大部分润版液原液的 pH 值在 2 左右(也有少量的碱性润版液),使用时加水稀释,稀释所使用的水的性质(如硬度等)对润版液 pH 值的影响不大,不同品牌的润版液原液稀释相同的比例得到的润版液的 pH 值是不同的,但随着原液比例增大,润版液的 pH 值降低,酸性增强。在印刷过程中,要结合实际的印刷条件,增减润版液的加放量,控制润版液的 pH 值。润版液 pH 值控制在 5 ~ 6 之间为好,使用非涂布纸印刷时,若油墨的黏度较大,掉粉、掉毛严重,应适当降低润版液的 pH 值;当使用高级涂布纸印刷时,润版液的 pH 值可以适当提高一些;采用实地印刷,润版液的 pH 值可以低一些,而用网点印刷,润版液的 pH 值却可以高一些;当车间温度升高时,油墨黏度下降,干性植物油分离出较多的游离脂肪酸,容易引起油墨乳化,版面上脏,故润版液的 pH 值应该低一些;油墨中干燥剂用量增加时,虽然干燥速度加快,但油墨黏度上升,颗粒变粗,对印版空白部分黏附性增大,容易发生脏版,可以适当增加原液的加放量,使润版液的 pH 值略有下降,对防止脏版有利。

　　上述各个需要调节和控制润版液 pH 值的原因,在印刷过程中一般不是独立存在的,往往是相互影响和交错的,彼此牵制,因为在润版液 pH 值变化的同时,润版液的电导率、润版液的表面张力等都可能发生变化,而这些参数的改变会影响印刷过程控制。因此,对润版液 pH 值的调整不是孤立的,要仔细分析,综合考虑,否则会适得其反。

2. 润版液的电导率

　　电导率是电阻的倒数,单位为 $\mu S/cm$,其高低可以间接表示溶液中各种离子浓度的高低。润版液原液是由各种电解质和其他成分组成的,具有极高的电导率,一般在仪器上都显示 ∞,在印刷中都是使用水对润版液的原液进行稀释,这里,稀释所用的水的硬度会直接影响最终所使用的润版液的电导率。

　　很多印刷厂往往不考察水质情况,便使用自来水配制或稀释润版液,自来水中的钙、镁离子将会给印刷作业带来一定的影响。水硬度取决于水中钙、镁离子的数量,通常用度(°)表示,一般可分为五个等级,见表 3 - 3。

表 3 - 3　不同级别水的硬度值

级　别	硬度/(°)
很软水	0 ~ 4
软水	4 ~ 8

续表

级 别	硬度/(°)
中硬水	8 ~ 16
硬水	16 ~ 30
很硬水	> 30

润版液的硬度过高会对印刷作业产生影响:会有沉积物出现在水斗、水箱内并造成输水管道变窄,甚至堵塞水孔,严重影响润版液的传输。钙、镁离子沉淀后会改变水辊、墨辊、橡胶布表面的润湿性能,阻碍油墨的正常传递,造成印版图文部分发花,空白部分起脏,出现印刷故障。

从理论上说,水硬度增大,会对润版液的 pH 值、电导率、表面张力及油墨乳化等都产生影响。但实验表明,用不同硬度的水去稀释润版原液,由于润版液缓冲体系的存在,使得润版液的 pH 值不会随之发生明显变化,但是,当用不同硬度的水配制稀释润版液时,润版液的电导率则呈现明显的变化,电导率的高低直接反映出润版液中钙、镁离子的含量,即润版液的硬度高低。

润版液中钙、镁离子增多,长此以往会沉积水垢,不仅影响输水系统循环,还要影响水辊、墨辊、橡皮布表面的润湿性能,阻碍油墨的传递。此外,钙、镁离子增多还可能引起油墨的过度乳化,影响印刷的质量。因此,采用较高硬度水去配制润版液是十分不利的。通过检测电导率可以准确掌握水硬度变化对润版液性能的影响。电导率的检测方法简单、快捷,可以直接检测润版液中各种离子浓度的变化,故不仅可以监测水硬度变化,也可以监测润版液原液的含量变化。它比检测 pH 值更准确、可靠。

3. 润版液的表面张力

表面张力是描述物体表面状态的物理量。液体表面的分子与其内部分子间作用力的受力情形是不同的,因而所具有的能量也是不同的。液体的表面张力是指气液的界面张力(γ_{YC})。对于不同类型的润版液,由于含有不同的成分,其分子间作用力不同,因此具有不同的表面张力。

平版印刷是利用油水不相溶的规律进行油墨转移的。理想的情况是,润版液在印版的空白部分铺展,而印版的图文部分则都涂有一层厚薄均匀的墨膜,并将墨膜转移到承印物上。理论上认为,附着在平版空白部分的润版液和附着在图文部分的油墨,两相之间存在严格的分界线,水墨互不浸润,可以达到静态的水墨平衡,但实际上,这种静态的平衡在印刷生产中是不可能实现的,但是,可以从润版液和油墨的表面过剩自由能(或表面张力)出发,找出水墨互不侵扰的能量关系,寻找水墨平衡的条件。

图 3－11 是润版液表面张力和油墨表面张力之间的静态平衡关系图。平版空白部分附着有润版液,图文部分附着有油墨,若润版液的表面张力 γ_w 与油墨的表面张力 γ_o 如图 3－11(b)所示,在扩散压的作用下,润版液将向油墨一方浸润,使印刷品上的小网点和细线条消失。如果润版液的表面张力与油墨的表面张力如图 3－11(a)所示,则在扩散压的作用下,油墨将向润版液一方浸润,使印刷品的网点扩大,空白部分起脏。只有当润版液的表面张力等于油墨的表面张力,如图 3－11(c)所示,界面上的扩散压等于零,润版液和油墨才能在界面上保持相对平衡,互不浸润,印刷品的质量才比较理想。因此,为了满足静态水墨平衡的要求,润版液和油墨应当具有同样大小的表面张力值。

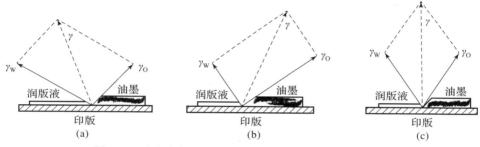

图 3－11　润版液表面张力与油墨表面张力之间的静态平衡关系

按照表面过剩自由能的理论,采用表面张力较低的润版液,有可能用较少的水量实现平版印刷的水墨平衡。但是,在实际的生产中,平版印刷中的水墨平衡是在动态条件下实现的,经验表明,润版液的表面张力略大于油墨的表面张力,有利于实现水墨平衡。普通润版液中由于加入很多电解质,润版液的表面张力甚至比纯水的表面张力还要高,这不利于润版液在印版空白部分的润湿,需要用比较大的水量来维持水墨平衡,通过在普通润版液中加入乙醇或非离子表面活性剂,可以有效地降低润版液的表面张力,提高润版液的润湿能力。另外,润版液的表面张力不仅受到酒精含量或非离子表面活性剂的影响,同时,配制润版液所使用的水的硬度过大也会影响润版液的表面张力。实验表明,随着所使用的水的硬度提高,润版液的表面张力也呈现上升的趋势。润版液的表面张力太高,会影响印版空白部分的润湿,难以形成均匀的抗墨水膜,会引起版面上脏。水硬度过高,润版液的表面张力会明显加大。这对于润湿版面和防止与油墨互相浸润明显不利。

技能训练题

1. 印刷纸张由哪些成分组成？印刷纸张如何分类？
2. 纸张的印刷适性包括哪几个方面？分别表示什么含义？
3. 纸张的调湿方法有哪些？
4. 油墨的组成成分有哪些？分别有什么作用？
5. 油墨的印刷适性包括哪几个方面？分别表示什么含义？
6. 油墨的干燥形式有哪几种？
7. 橡皮布的结构是什么？
8. 胶印对橡皮布有哪些基本要求？
9. 橡皮布的印刷适性包括哪几个方面？分别表示什么含义？
10. 胶辊在印刷中起什么作用？印刷对胶辊有哪些基本要求？
11. 胶辊主要由哪几部分组成？每部分的作用是什么？
12. 胶辊的印刷适性包括哪几个方面？分别表示什么含义？
13. 润版液的作用是什么？常见的润版液有哪几种类型？
14. 酒精润版液中酒精的作用有哪些？
15. 为什么需要控制润版液的 pH 值？

印刷的任务是将印版上的图形、图像和文字通过印刷机转移到承印物上,从而完成对原稿的大量复制。印刷品必须准确还原原稿的色彩和阶调层次,印刷过程就是颜色的分解与合成的过程,通过分色制版完成颜色的分解,通过油墨的并列或叠印呈色完成颜色的合成。本章主要介绍印刷色彩与阶调复制的原理、油墨的转移工艺过程和印刷作业流程。

4.1 印刷色彩与阶调复制

对于印刷品而言,其质量主要受到阶调复制性、层次和清晰度、颜色复制、外观及图像工艺规范性五个方面的影响。在整个印刷过程中,阶调层次调整和色彩调整主要是通过印前图像处理过程制作完成,印刷过程则是完成对阶调层次再现和色彩还原的实现。

4.1.1 印刷色彩学基础

1. 颜色的概念

颜色是光通过视神经传递到人的大脑而产生的一种视觉感受。物体的颜色与物体本身有关,还与照明光源有关。

1)光与色

光是一种能引起人眼睛明亮感觉的电磁波,波长范围在 380 ~ 780nm 为人眼能感觉的色光,称为可见光。波长不同,光波的颜色也不同,波长由短到长依次表现为紫、蓝、青、绿、黄、橙、红色。在日常生活中所见到的无色白光,就是由这些彩色的单色光组成的。

各种物体在光的照射下,会对光产生吸收、反射和透射,照射在物体上的白光经物体选择性吸收后,产生颜色感觉。彩色油墨中的青、品红和黄色实际上是分别吸收了白光中的红光、绿光和蓝光,使我们看到了油墨的颜色。

通常使用三原色按不同的比例混合来得到各种各样的颜色。三原色有两类:一是光的三原色,由红、绿、蓝三种色光组成,是显示器的三原色,称为色光三原色;二是色料的三原色,由黄、品、青三种颜色组成,是印刷油墨的三原色,称为色料三原色。

2)光源

光源是指辐射光能的辐射体,如太阳、白炽灯。

(1)标准光源。

光源是观察颜色的重要条件,光源质量的好坏直接影响颜色的感觉。可以用很多技术参数来描述光源的性能,通常用最简单的色温或相关色温来表示。色温是指某光源所发光的颜色与黑体加热到某一温度时的颜色相同,则此时黑体的温度就是该光源的颜色温度。单位为开尔文,简称为开,用字母 K 表示。但如果光源的颜色只能是最接近某个温度下的黑体的颜色而不能严格等同于某个温度下的黑体的颜色,则将黑体此时的温度称为该光源的相关色温。黑体是一种理想化物体,它能把辐射到它上面的能量全部吸收,并以光的形式全部辐射出来。

为了规范照明条件,国际照明委员会(简称 CIE)规定了几种标准光源。每种标准光源代表了一种特定的照明条件。

标准光源 A:代表绝对颜色温度大约为 2856K 的完全辐射所发出的光,即色温为 2856K 的连续光谱。

标准光源 B:代表相关色温大约为 4874K 的直射日光。

标准光源 C:代表相关色温大约为 6774K 的平均日光。

标准光源 D65:代表相关色温为 6504K 的日光。

标准光源 D:代表 D65 以外其他日光。

(2)显色指数。

色温和相关色温只从一个侧面反映了光源的特性,但并不全面。为了说明在特定光源下观察颜色"失真"的大小,CIE 采用了另一个参数,即光源的显色指数。显色指数是在相同色温的光源和标准光源下分别观察同样的颜色样品,比较两种条件下产生的颜色差别,以此来衡量光源显色性的好坏。与标准光源照明条件比较,产生的颜色差别越大,就说明该光的质量越差。一般情况下,用光源的显色指数把光源的发光质量分为三档,如表 4-1 所列。

印刷上对照明条件要求较高,尤其是在一些观察颜色的地方,如制作室、看版台、质量检测台等,应使用高显色性的光源。

表4-1 光源显色指数与质量分类

显色指数	质量分类
100~75	优
75~50	一般
50以下	差

（3）照明条件和观察条件。

印刷行业照明条件可分为观察反射样品和观察透射样品两种照明光源，观察反射样品的照明光源应使用D65光源，一般显色指数在90以上，特殊显色指数应在80以上。观察透射样品的照明光源应使用D50光源，一般显色指数在90以上，特殊显色指数应在80以上。

观察反射样品时，光源应垂直于观察面的上方，观察者位于侧面以45°角的方向观察，或观察者垂直于观察面观察，光源以45°角方向照射。这种方法可以使光线比较均匀地照明观察面，避免灯光的镜面反射光进入观察者的眼睛，引起耀眼的不良效果，如图4-1所示。观察透射样品时，透射样品要由来自背后的均匀漫射光垂直照明，尽量将透射样品置于照明面的中部。由于样品周围的环境颜色会与样品颜色产生颜色对比现象，所以一般以亮度适中的灰色为背景颜色，从而避免产生颜色错觉。

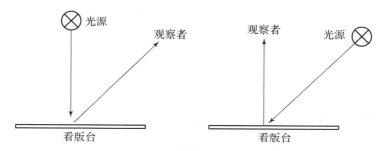

图4-1 反射样品的观察条件

3）颜色的分类

颜色分为非彩色和彩色两大类。

（1）非彩色。

非彩色就是黑、白，以及从黑到白的各种灰色。它们可以排列成一个系列，如图4-2所示，称为黑白系列。该系列中，由黑到白的变化可以用一条灰色带表示，一端是纯黑，另一端是纯白。物质将可见光全部反射，反射率等于100%为纯白；物质将可见光全部吸收，反射率等于0%为纯黑。实际生活中，没有纯白和纯黑的物质。氧化镁只能近似纯白,黑绒接近纯黑。

图4-2 黑白系列

黑白系列的非彩色只能反映物质的光反射率变化,在视觉上的感觉是明暗的变化。

当印刷品的表面对可见光谱所有波长的辐射的反射率都在80%~90%时,视觉上的感觉便是白色。若反射率均在4%以下则是黑色。白色、黑色和灰色物体对光谱各波长的吸收没有选择性,称它们为中性灰色。

(2)彩色。

黑白系列以外的各种颜色称为彩色。任何一种彩色均由3个量表示:色相、明度和饱和度。

4)颜色的三属性

(1)色相。

色相又称色别、色调,是指颜色的相貌,是颜色的最主要的特征,用于区别各种不同色彩的名称,区分其间的感觉差异,就像每个人都具有自己独立的相貌,以作为区分。例如我们常说的赤、橙、黄、绿、青、蓝、紫,即代表光谱色中的7种基本色相。

正常色觉者在最好的观视条件下,大约能分辨180种色相,其中光谱色相150种,谱外色相约30种。但是经过长期实践,一些经常与色彩打交道的人对色相的感觉非常敏锐,因而能分辨出更多的色相。

(2)明度。

明度有时也称为主观亮度或明暗度,是表示颜色明暗程度的特征量。

对于彩色而言,不同色相之间存在明度的差别。当然,不同色相之间也可能会有相同的明度。在光谱色中,明度由高到低的排列顺序是黄、橙、绿、青、红、蓝、紫。即使同一色相,也存在明度的差别,例如春夏两季树叶的绿色之间的明度差别。

明度在颜色的三属性中具有较强的独立性,它可以不带任何色相特征而通过白、灰、黑的关系单独呈现出来。

在彩色复制中,彩色印刷品表现画面中各色明度大小主要是通过不同面积的网点来实现的。网点的明暗层次可大致分为11级。0级为无网点的白纸部分,明度值最高;第10级处网点面积为100%,明度值最低。

实验表明,人眼能够分辨明暗层次的数目在600种左右。

（3）饱和度。

饱和度又称彩度、纯度、鲜艳度。饱和度是指颜色的鲜艳程度,色彩越鲜艳,其饱和度越高。光谱色与其他颜色相比,其饱和度最大;在光谱色中,红色、蓝色和紫色的饱和度很大,而黄色的饱和度很小,青色和绿色的饱和度居中;白、灰、黑系列的颜色,只有明度的差别,没有色彩倾向,它们的饱和度为零。

颜色的三属性分别从三个不同的侧面反映了颜色的基本特征。三者在概念上是各自独立的,但三者之间又相互联系、相互制约,如果其中一个属性发生了变化,则另外两个属性也随之发生变化。

2. 色光加色法

1）色光三原色

根据大量色光混合实验得知,红光、绿光和蓝光这三种单色光以不同的比例混合可以得到其他各种颜色的光,而它们三者却不能通过其他色光相混合而得到。因此,我们把红光、绿光、蓝光确定为光的三原色。

为了统一对三原色光的认识,CIE 于 1931 年规定,标准色光三原色的代表波长分别是红光（R）700.0nm,绿光（G）546.1nm,蓝光（B）435.8nm。

2）色光加色法原理

按红、绿、蓝三原色光的加色混合原理生成新色光的方法称为色光加色法。色光等量混合的效果如图 4-3 所示。

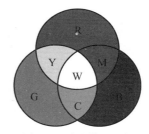

$$红光（R）+绿光（G）=黄光（Y）$$
$$红光（R）+蓝光（B）=品红光（M）$$
$$绿光（G）+蓝光（B）=青光（C）$$
$$红光（R）+绿光（G）+蓝光（B）=白光（W）$$

图 4-3 色光等量混合示意图（见彩图）

从以上各式可以看出,色光混合后所得的新色光的亮度比原色光都亮。所以,色光的混合称为加色法。

从图 4-3 中还可以看出,如果把红光、绿光、蓝光分别与青光、品红光、黄光等量混合,可以得到白光,即

$$红光（R）+青光（C）=白光（W）$$
$$绿光（G）+品红光（M）=白光（W）$$
$$蓝光（B）+黄光（Y）=白光（W）$$

如果两种色光相混合得到白光,那么这两种色光互为补色光。色光中三对典型的互补色光是 R 与 C、G 与 M、B 与 Y。

3. 色料减色法

1）色料三原色

能互相混合调色,经过涂染后能使其他物体改变颜色的物质称为色料。按照色料溶解性的不同,将其分为染料和颜料两大类。

与色光三原色相同的原理,以黄、品红、青三种色料为基础,以任意两色或三色按不同比例相混合可以得到其他各种颜色的色料,但使用其他任何色料混合都不可得到黄、品红、青三种颜色的色料。因此,我们将黄、品红、青三种色料称为色料三原色。

2）色料减色法原理

按黄、品红、青三原色料(如颜料、油墨)减色混合原理成色的方法称为色料减色法。色料等量混合的效果如图 4-4 所示。

$$黄色料（Y）+ 品红色料（M）= 红色料（R）$$
$$黄色料（Y）+ 青色料（C）= 绿色料（G）$$
$$品红色料（M）+ 青色料（C）= 蓝色料（B）$$
$$黄色料（Y）+ 品红色料（M）+ 青色料（C）= 黑色料（K）$$

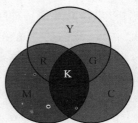

图 4-4　色料等量混合
示意图(见彩图)

从以上色料混合的效果可以看出,色料混合后所得的新色料的亮度比原色料都暗。所以,色料的混合称为减色法。

从图 4-4 中还可以看出,如果把黄色料、品红色料、青色料分别与蓝色料、绿色料、红色料等量混合,可以得到黑色料,即

$$黄色料（Y）+ 蓝色料（B）= 黑色料（K）$$
$$品红色料（M）+ 绿色料（G）= 黑色料（K）$$
$$青色料（C）+ 红色料（R）= 黑色料（K）$$

如果两种色料相混合得到黑色,则这两种色料互为补色料。色料中三对典型的互补色料是 Y 与 B、M 与 G、C 与 R。

4.1.2　图像阶调复制原理

印刷图像的阶调层次完全是由网点来表现的,网点是印刷图像成像的基础。

1. 网点成像原理

1）阶调

阶调是指原稿图像或印刷图像的浓淡。阶调复制又称为调子再现。图像的

明亮部分称为亮调,阴暗的部分称为暗调,明暗交接部分称为中间调。

根据调子的不同,图像可分为三种类型,即线条稿图像、连续调图像和半色调图像。线条稿图像是指在图像中只有两种变化,即有密度和无密度,无中间密度的存在,在有密度的地方所有的密度大小都是相同的,如线条、文字、表格等。连续调图像是指以密度大小的连续变化来表现画面浓淡层次变化的图像,如照片(包括底片)、绘画作品等。它们的阶调变化是因颜料或照相感光粒子的堆积多少而来的。人眼根本辨别不了它们的数量变化,只能感觉它所反映的明暗变化。半色调图像是指通过网点表现浓淡变化的图像,平版印刷图像就是属于这种类型,如图 4-5 所示。

图 4-5 半色调图像

2)网点的形成

最早的图像处理是采用照相分色加网的方式完成的,这种方法主要采用网屏来形成网点,如图 4-6 所示。网屏的形式主要有玻璃网屏和接触网屏两种。这种网点形成的方式随着照相分色方式的淘汰而完成其历史使命。目前的图像处理都是采用数字加网的方式形成网点,如图 4-7 所示,彩色电子出版系统中由 RIP(光栅图像处理器)形成网点。

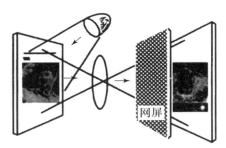

图 4-6 照相分色加网形成的网点

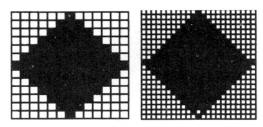

图 4-7 数字加网形成的网点

3)网点的类型

按照网点构成图像排列特征的规律可将网点分为 AM 调幅网点、FM 调频网点及 AM/FM 混合型网点。

（1）AM 调幅网点。

AM 调幅网点是指在单位面积内网点的个数不变,用网点的大小来表现图像色调的深浅,如图 4-8 所示。对于原稿图像色调深的部位,印刷品上的网点面积大,空白部位小,接受的油墨多;对于原稿图像色调浅的部位,印刷品上网点面积小,空白部位大,接受的油墨就少。AM 调幅网点有一个弱点是容易出现龟纹。AM 调幅网点是目前四色印刷生产中使用最广泛的一种网点。

图 4-8　AM 调幅网点

（2）FM 调频网点。

随着计算机计算功能的增强,出现了 FM 调频网点。FM 调频网点是指单位面积内网点大小一致,用网点的疏密来表现图像色调的深浅,如图 4-9 所示。原稿图像色调深的部位,网点比较密集,接收的油墨多,图像的密度大;原稿图像色调浅的部位,网点比较稀疏,接收的油墨少,图像的密度小。图 4-10 可以直观地看出 AM 调幅网点与 FM 调频网点在反映图像色调上的差别。采用调频网点复制图像不会出现龟纹,因而实际印刷时可制出多于四色的印版,以实现对原稿的高保真印刷,而且也不用考虑印刷过程中各色版之间的套印问题。

图 4-9　FM 调频网点

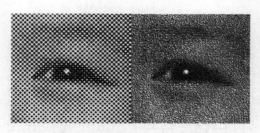

图 4-10　AM 调幅与 FM 调频网点图像比较

平版胶印要想表现图像的阶调层次离不开网点,只要借助于放大镜看一下印刷品,无论是 AM 调幅网点,还是 FM 调频网点,网点在复制品上都是清晰可见的。

（3）AM/FM 混合型网点。

在网点百分比 1% ~ 10% 的高光部位和 90% ~ 99% 的深暗调部位,它会像 FM 调频网点一样,使用大小相同的细网点,并通过这些网点的疏密程度来表现画面中的层次变化;在 10% ~ 90% 的中间部分,也会像 AM 调幅网点,对网点的大小进行改变。但所有网点的位置都具有随机性,因此不再需要考虑因网点角度问题而产生的龟纹。AM/FM 混合型网点结合了 AM 调幅网点和 FM 调频网点的所有优点,再配合高精度的外鼓式 CTP 和超硬调特性的热敏版材,更进一步地发挥 CTP 印刷技术的优势。

4）网点的作用

网点的作用具体如下:

（1）网点对原稿的色调层次起到忠实临摹和传递的作用。如果没有网点,平版胶印就无法对原稿进行复制。

（2）网点是平版印版上的最小的感知单位,印刷时用来直接传递彩色油墨。

（3）网点在印刷色彩组合中决定着墨量的大小,起着组织颜色和图像轮廓的作用。

2. 网点参数

目前平版胶印中采用的网点主要是 AM 调幅网点,这种类型的网点有下列四个参数。

1）网点大小

网点大小是由网点面积的覆盖率决定的,所以又称网点面积率。一般用"成"作为衡量单位,如 10% 覆盖率的网点就称为"1 成网点",20% 覆盖率的网点称为"2 成网点",以此类推,100% 覆盖率的网点就称为"10 成网点"。通常情况下 0 覆盖率的网点称为"绝网",100% 覆盖率的网点称为"实地"。印刷品的阶调按网点百分比的大小划分为三个层次,即亮调、中间调、暗调。亮调部分是指网点百分比在 10% ~ 30%;中间调部分是指网点百分比在 40% ~ 60%;暗调部分是指网点百分比在 70% ~ 90%。印刷品上最明亮的地方为 1 成以下的网点,即印刷品的高光部分。绝网和实地是另外划分的。

在现有的网点百分比梯尺中,一般采用"10 成 22 级"来表示印刷品上图像的阶调层次:10 个层次分别是指 10%、20%、30%、40%、50%、60%、70%、80%、90%、100% 的网点;22 级是指在每两个层次之间设立 5% 的网点级差,再加上小于 5% 的小黑点和处于 95% 与 100% 之间的小白点,如图 4 - 11 所示。

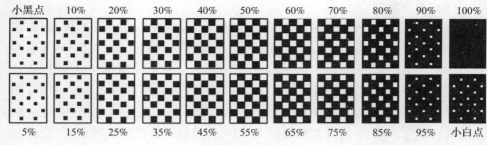

| 小黑点 | 10% | 20% | 30% | 40% | 50% | 60% | 70% | 80% | 90% | 100% |

| 5% | 15% | 25% | 35% | 45% | 55% | 65% | 75% | 85% | 95% | 小白点 |

图 4－11　网点的大小

2）网点形状

网点形状很多,常用的网点形状有方形网点、圆形网点和链形网点,如图 4－12所示。除此之外,还有其他许多种形状的网点,例如椭圆形网点、线形网点和菱形网点等。

图 4－12　常用的网点形状

不同形状的网点在表达印刷图像时具有不同的特点。方形网点在 50% 覆盖率下呈棋盘状,它的颗粒比较锐利,对于层次的表现能力很强,适合于线条、图形和一些硬调图像的表现。

圆形网点无论是在亮调还是在中间调的情况下,网点之间都是独立的,只有在暗调的情况下才有部分相连;菱形网点综合了方形网点的硬调和圆形网点的柔调特性,色彩过渡自然,适合一般图片及照片的表现。

同一图像采用不同形状的网点进行复制会产生不同的视觉效果,图 4－13与图 4－14 反映了圆形网点与线形网点在复制同一幅图像时所产生的视觉效果上的差异。

图 4－13　圆形网点效果

图 4－14　线形网点效果

146

3）网点线数

网点线数是指沿网点排列方向的单位长度内能容纳的网点个数。网点线数越高，单位面积内网点个数越多，单个网点面积越小；反之，网点线数越低，单位面积内网点个数越少，单个网点面积越大。因此，网点线数的高低反映了网点的大小，同时也决定了图像的精细程度。从图 4－15 中可以看出网点线数对图像清晰度的影响。网点线数越高，图像越细腻，清晰度越高。

图 4－15　网点线数与清晰度

网点线数在印刷工艺中有不同的要求和用法，选择网点线数时主要考虑以下四个方面：视距的远近、画面的大小、用纸质量、印制要求和印刷方法。常见的网点线数应用如下：120lpi 以下的网点印刷属于低品质的印刷，如远距离观看的海报、招贴画等面积比较大的印刷品，通常使用新闻纸、胶版纸来印刷，有时也用低定量的亚粉纸和轻量涂布纸印刷；150lpi 的网点是普通四色印刷最常用的，可用于各类纸张；175～200lpi 的网点用于精美画册、画报等的印刷，大多数采用铜版纸；250lpi 以上的网点用于最高要求的画册等的印刷，多数选用高级铜版纸和特种纸。

4）网点角度

网点排列方向与水平线之间的夹角叫作网点角度，如图 4－16 所示。常用的网点角度有 15°、45°、75°、90°四种。不同的网点角度具有不同的视觉效果，其中 45°的网点表现最佳，稳定而又不显得呆板；15°和 75°网点的稳定性要差一些，不过视觉效果也不呆板；90°网点是最稳定的，但是视觉效果太呆板，无美感可言，如图 4－17 所示。因此，对于单色印刷品来说，常选用 45°角的网点来印刷。

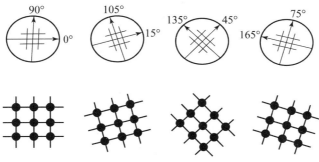

图 4－16　网点角度

15°	45°	75°	90°

图 4 – 17　网点的视觉效果

　　在印刷制版中,网点角度的选择起着至关重要的作用。四色印刷时,网点排列的角度一定要错开,如果采用同一网点角度进行重复叠印,将无法使不同颜色的网点产生并列混合的效果得到所需要的颜色。当四色网点错开的角度不正确时,就容易产生引起视觉不良感觉的固定图案,这种现象称为撞网,出现的干扰图案称为龟纹,如图 4 – 18 所示。克服龟纹的方法是调整相互叠印色版的网点角度差,至消除龟纹为止。实验证明,当两个网点角度差大于或等于 30°时,出现的干扰最小,视觉效果最好。

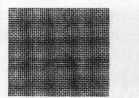

图 4 – 18　龟纹

　　根据以上这些原则,印刷中对于不同的印刷方式大都采用如下网点角度:
　　(1)单色印刷品,只需选用一种网点角度,常选用 45°。
　　(2)双色印刷品,需选用两种网点角度,常选用 45°和 75°(或 15°)。
　　(3)四色印刷品,需选用四种网点角度,一般选用 15°、45°、75°、90°。在这四个网点角度中,习惯以 45°作为主色版的网点角度,90°作为黄版的网点角度,15°和 75°作为余下的两色版的网点角度。

3. 网点扩大规律

1)网点的视觉扩大
　　网点的视觉扩大又称为纸张对光线的双重反射现象、光渗或网点的光学性扩大。白光照射到白纸上会有 80%的白光反射,但白光照射到覆盖着油墨的网点和白纸的交界处却只有 10%的白光被反射,这样,尽管真实的网点没有变化,但视觉上的网点扩大了一圈,如图 4 – 19 所示。这种网点扩大现象是不可避免的,但对所有网点的作用是均等的。

2）网点的实际扩大

网点的实际扩大，又称网点的机械性扩大或物理性扩大，它是指网点尺寸实际上的物理增大。

在胶印中，网点印迹的实际扩大也是不可避免的。胶印用橡皮布在印刷压力作用下要实现油墨的转移，这时油墨要向网点四周扩张；同时，橡皮布在压力作用下产生弹性变形，使得橡皮滚筒与其相邻的印版滚筒和压印滚筒之间产生相对的滑移，从而造成网点的扩

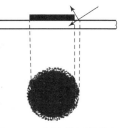

图4-19 网点的视觉扩大

大。上述扩张和滑移的结果使得印张上获得的网点要比印版上的网点大，即产生了网点的实际扩大。网点实际扩大的规律有以下几条：

（1）网点的扩大是按同样的比例扩大的。也就是说，在相同的印刷条件下，不同大小的网点扩大的直径（或边长）是相同的。如10%的圆形网点直径扩大了0.01mm，那么90%圆形网点直径同样扩大了0.01mm，如图4-20所示。同样的道理，10%的方形网点边长扩大了0.02mm，那么90%方形网点边长同样也扩大了0.02mm。

图4-20 网点扩大幅度与周长的关系

由于不同大小的网点其周长是不一样的，所以网点扩大部分的覆盖面积比是不一样的，例如以方形网点为例，50%的方形网点周长最长，其扩大后的覆盖面积也最大。

（2）线数不同、百分比相同的网点，线数越高网点扩大率越大。如40线/cm和80线/cm，50%的圆网点直径都扩大了0.01mm，通过计算可知40线/cm、50%的圆网点扩大为55.1%的网点，80线/cm、50%圆网点扩大为60.5%的网点。图4-21显示了36%的圆网点分别在两种不同的加网线数下，由于网点直径的增加引起的整个网点扩大的变化情况。由此可见，在网点百分比固定不变的条件下，印刷品的网点线数越高，单位面积内的网点数目就越多，网点的总周长增加就多，因而网点扩大的百分比越大，对印刷操作的技术要求就更高。

（3）百分比不同、线数相同网点，方形网点以50%的网点周长最长，其扩大率最大，如图4-22及图4-23所示。从图中可以看出，50%的方形网点比其他方形网点扩大得都要大。

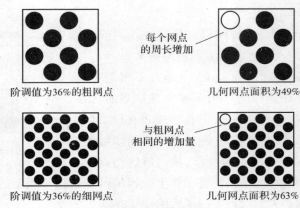

图 4 – 21　线数不同百分比相同的圆形网点

图 4 – 22　方形网点覆盖率的变化

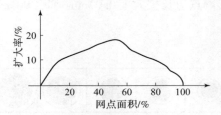

图 4 – 23　方形网点不同百分比的扩大率

　　圆形网点的扩大也是由其周长来决定的。由于圆形网点自身的特性,当网点的百分比为 50% 的时候,网点之间还没有互相衔接,因此,圆形网点扩大率的最大值不是在 50% 的网点处,而是在 70% 左右的网点处,如图 4 – 24 及图 4 – 25 所示。这是因为 70% 左右的圆网点之间才开始相互衔接,其周长值最大。有些测控条选择 75% ~ 80% 部位的网点控制印刷品暗调的复制质量,原因就在于此。

图 4 – 24　圆形网点覆盖率的变化

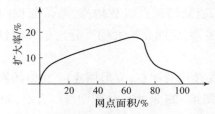

图 4 – 25　圆形网点不同百分比的扩大率

4.1.3 颜色的分解与合成

彩色图像原稿上的颜色要再现在印刷品上,必须先经过颜色的分解(分色),再进行颜色的合成(印刷)。

1. 颜色的分解

彩色数字图像的分色机制是基于减色法理论及数据处理技术而形成的,分为以照相分色为基础的分色机制和以构造模型为基础实现色彩空间转换的分色机制两类。

1)基于照相分色的分色机制

照相分色是以减色法理论为基础,利用 R、G、B 滤色片对不同光波的选择性吸收直接将彩色图像分解为 C、M、Y 三原色,如图 4 – 26 所示,其分色机理如下所示。

$$C + M + Y = K$$
$$C + R = K$$
$$M + G = K$$
$$Y + B = K$$

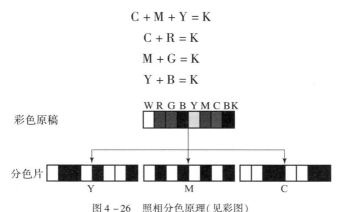

图 4 – 26 照相分色原理(见彩图)

这种分色机制是通过光学器件将彩色图像直接分解为分色信号,通过分色系数的确定来获得正确分色信息,因而具有算法简单、处理速度快的特点。但对硬件要求极高,并只能应用于确定的色彩空间,难以进行色彩空间的变换和满足多色彩空间图形再现的需要。目前只用于类似于彩色印刷等单一目的的色彩复制中。

2)基于构造模型的分色机制

随着计算机的迅速发展和彩色数字图像的广泛应用,基于照相分色理论的分色机制已不能满足对 RGB、CMYK、HLS、Lab 等色彩空间和不同设备色彩输出与管理的需要。因而只有建立适于各种输入、输出设备的通过色彩空间转换构造模型的分色机制,才能满足现代彩色复制需求。

在对图像进行扫描或数码拍摄时,对图像进行了一次分色,即将图像颜色分解为 RGB 三个通道颜色,但 RGB 三色并不是最终的印刷色,还需要转换为 CMYK 图像,才能输出,如图 4 – 27 所示。

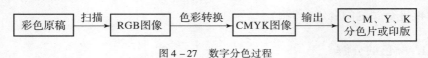

图 4 – 27　数字分色过程

这种分色机制的特点是只需获取少量样品色彩的数据,就能建立一种独立于设备的分色机制,并通过色彩空间的变换,来实现彩色数字图像的准确再现。

2. 颜色的合成

在彩色印刷中,由于网点角度和网点百分比的关系,其色彩的形成有两种典型的不同情况,一种是网点并列呈色,另一种是网点重叠呈色。

1)网点并列呈色

网点并列呈色是指印刷品上的色彩是由各色版上的网点并列在承印物表面,利用网点的并列关系再现色彩。由于印刷品的高调部分网点的单位面积比较小,因而网点并列主要发生在印刷品的高调部分。网点印刷在白纸上,遵循色料减色法规律;不同颜色的网点分别反射出的色光在空间混合时,又具有色光加色法的特点。印刷品上网点并列呈色情况如图 4 – 28 所示。

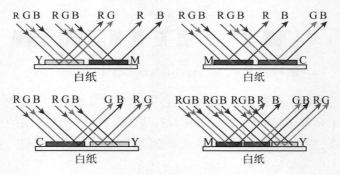

图 4 – 28　网点并列呈色(见彩图)

2)网点重叠呈色

网点重叠呈色是指各色版上的网点重叠在承印物表面,利用网点的重叠关系再现色彩。由于印刷品的暗调部分网点的单位面积比较大,因而网点重叠主要发生在印刷品的暗调部分。网点重叠呈色遵循色料减色法规律,网点重叠呈色的前提条件是三原色油墨都必须具有一定的透明度。目前复制彩色图像用的油墨均具有良好的透明度。印刷品上网点重叠呈色情况如图4-29所示。

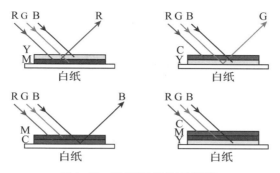

图4-29 网点重叠呈色(见彩图)

网点并列与网点重叠时所形成的颜色色相是相同的,但要注意的是其明度和饱和度是有差别的。网点并列呈色是在减色原理基础上的加色混合呈色,因为颜色中含有白光的成分,所以网点并列呈现出的新颜色明度较高但饱和度较低;网点重叠呈色是有色透明墨层对入射白光逐层减色的过程,属于色料减色法原理,所以网点重叠呈现出的新的颜色明度较低,饱和度较高。

4.2 平版印刷的工艺原理

平版印刷中,平版印版的空白部分与印版的图文部分几乎同处于一个平面上(印版上的图文部分稍微凸起,空白部分稍微下凹,高差为$3 \sim 8 \mu m$)。在印刷过程中,印版的空白部分亲水疏油,图文部分亲油疏水。利用油水不相溶原理,先给印版上水,使印版的空白部分形成斥墨水膜,然后再给印版供墨,使印版的图文部分吸附油墨,在印刷压力的作用下,印版上的图文经橡皮布转印到承印物表面。

就转印方式而言,平版印刷又分为平版直接印刷和平版间接印刷(又称为胶印),平版胶印是间接印刷。地图印刷采用的就是平版胶印。

4.2.1 水墨平衡

在油、水共存的有水平版印刷中,由于范德华力的作用,油墨会不可避免地发生乳化,必须保持油包水型的乳化,并使乳化值稳定在一个允许的范围之内,才能得到好的印刷效果。水墨平衡是满足平版印刷这一要求的关键。

1. 油水不相溶原理

分子是保持物质化学性质的最小微粒。极性理论将分子分为两大类：极性分子和非极性分子。

油在胶印油墨中指的是连结料，是油墨中的主要成分之一，不外乎是干性植物油和合成树脂两类。在它们的分子结构中，一部分是非极性基团，即碳氢链部分，是憎水基团，另一部分是极性基团，为亲水基团。而碳链部分占主要地位，即憎水基团起主导作用，因此油显示出非极性分子的性质，属于非极性分子。

在不同分子之间存在着一种近程力——范德华力，因此极性分子和极性分子优先相亲和，非极性分子和非极性分子优先亲和，即"相似相溶，相似相亲和"。在一定条件下，极性分子和非极性分子之间可相互混合成乳状液。

极性很强的水分子对极性物质具有亲和力。具有极性结构的物质同样对水分子有亲和力。油是有机物质，极性很弱或者完全无极性，所以油和水几乎不相溶。

平版胶印油墨与润版液的关系符合极性理论的规律：两者不相溶，不相亲和。但在印刷时，由于受到剪切和挤压的作用，两者可发生一定程度的乳化。

2. 平版胶印的印刷过程原理

平版胶印的主要过程：印版上水上墨→图文转印到橡皮布→转印到承印物。平版胶印的印版，空白部分具有亲水疏油的性能，是具有"先入为主"吸附性质的高能表面；而图文部分具有亲油疏水的性能，其表面能高于平版印刷油墨、低于润版液，因此具有选择性吸附的能力，能很好地着墨而不着水。润版液是以极性为主的物质，而油墨是以非极性为主的物质。印刷时必须先上水后着墨，这样可使空白部分先被润版液覆盖起来而不易着墨，上墨时，只有图文部分良好地着墨。

3. 水墨平衡的含义

在一定的印刷条件下，使用最少的墨层厚度和润版液量达到印刷质量的要求，即实现了水墨平衡。

印刷过程的水墨平衡是在动态下实现的，因而是一个相对概念，具有一定的宽容度。胶印的水墨平衡，处在一定的印刷速度和印刷压力下，通过调节润版液的供给量，控制油墨的乳化。不允许出现水包油型乳化，而只能是轻微的油包水型乳化。乳化值应尽可能小,既不起脏,又不出现"水迹"。用最少液量和印版上的油墨相抗衡。此时印版图文部分的墨层厚度为 $2\sim3\mu m$,空白部分水膜厚度为 $0.5\sim1\mu m$。乳化后的油墨所含润版液比例控制在 15%～26% 范围内。

4. 实现和控制水墨平衡的要点

水墨平衡是构成胶印的基础,印刷过程中实现和控制水墨平衡是确保印刷质量的关键。胶印中实现和控制水墨平衡的要点如下。

1)根据印品质量要求,选配合适的印刷原、辅材料,以满足印刷适性的要求

油墨的选择,油型油墨的酸值越大,油墨越容易乳化。因此必须考虑油墨的以下特性:

(1)油墨的黏度。在输墨系统中水渗进油墨,会导致其黏度降低,加上油墨本身受到机械作用的影响,尤其是输墨系统中的温度升高,更能引起黏度较大程度的下降。黏度太低会导致非正常网点的产生,造成网点不实等现象。油墨添加剂可以有效地改善黏度,同时改善油墨对水的反应。

(2)油墨的吸水性。不同配方的油墨,吸水能力不同(10%～30%)。好的油墨能够毫无困难地吸收 30% 的水量,并且不会降低韧度。

(3)油墨的韧度。韧度是油墨在墨辊间隙处对于通过多种形式的负荷将墨分开的能力。它受墨层厚度、印刷速度和温度的影响。韧度较高的油墨在普通的湿润系统上能够达到较好的印刷效果。

润版液的选择,要与所用印版的特点相适应,润版液的 pH 值也要同所用的油墨的油性(酸值)相匹配,以防止油墨严重乳化,利于保持良好的水墨平衡等。润版液的合理酸度可防止油墨干结在印版上,但酸性过强会过度腐蚀印版,从而导致油墨过度乳化。润版液中水的含量往往超过 98%,含有杂质的水在经过长时间的使用后,会导致印版起脏。另外,在印刷时,水中含有较多矿物质,如碳酸钙和碳酸镁,不仅会累积于印版上、水槽内,而且还会与水中、油墨中的酸性物结合形成类似肥皂的物质。这些物质既不亲水也不亲墨而是黏在印版上,造成印版上的空白区失去其亲水层而起脏,同时破坏油墨的黏性而产生不稳定的乳化液。

橡皮布的选择,除应具有良好的耐油和耐酸、碱性外,还必须具有良好的传墨疏水作用。另外,油墨中维力油和白油等撤淡剂以及干燥剂的使用要加以控制,否则会强力促进油墨的乳化。

2)规范工艺操作,随时观察和控制水墨变化,及时做出相应的调整

印刷时,应先上水,后上墨。根据材料和胶印环境的温、湿度情况确定润版液的给予量。胶印环境的相对湿度对版面水分的蒸发和纸张的吸水性影响很

大。在温度高、湿度低的环境下,版面水分蒸发快,需要的润版液就多,反之就少。不同湿度的纸张对水墨的吸收程度也不同。在水墨平衡相对稳定之后,若提高印刷速度,这种水墨平衡状态就会遭到破坏,油墨在墨辊中受到高速度的摩擦而致使油墨的黏性下降,容水量降低,这时必须调整润版液的用量,方可重新达到平衡。另外,可通过观察版面、墨辊含水量以及观察、测定印品的表观质量来判断和把握水墨平衡。

(1)当版面上水分增大时,印版表面发亮,甚至有水道,经常出现浮脏;传墨辊上有细小水珠,墨斗槽内也有水珠;纸张卷曲软绵无力,收纸不齐;印品印迹墨色立即相应地减淡,光泽减少,网点空虚;停机较久版面仍没干涸,继续印刷时,印品与停机前的印品在墨色上有较大差距。

(2)当版面上水分减小时,印迹墨色则立即加深,严重时,空白部分就会吸附油墨而出现脏版现象。

(3)当版面上墨量增大时,印迹墨色立即加深,严重时印迹铺展,甚至产生糊版或脏版。

(4)当版面上墨量减小时,印迹墨色立即减淡,并有空虚现象。

(5)当水墨平衡时,印版含水量适中;印版空白要素干净、整洁;印迹清晰、饱满、光洁、墨色鲜艳,油墨密度值和网点扩大值达到规定标准。

3)根据印刷产品类型及质量要求,选配相应的印刷设备

胶印机的润湿系统可分为间歇式和连续式。

间歇式润湿系统对于润版液用量的改变反应缓慢,在印版上形成的水膜相对较厚。而连续式酒精润湿系统,润版液内加有适量的酒精,润版液用量明显减小,印品阶调再现明显好于普通水印刷,而且纸张变形小,套印更准确,油墨更易于干燥,印刷过程中的乳化现象也明显优于普通水印刷,因此酒精润湿系统是实现向版上传递薄且均匀水膜的理想选择。

应注意到,水墨平衡要以墨为主,不能用增减供墨量平衡供水量,只能在标定墨量之后增减供水量来取得水墨平衡。水大墨大或水小墨小的印刷效果都极差,应当尽力避免。

4.2.2 印刷压力

把印刷机上的油墨转移到承印物上,印刷油墨在转移过程中所施加的压力称为印刷压力。印刷压力不仅直接影响着油墨转移的状况、网点的变形,而且还影响着印版的耐印力、印刷机的使用寿命等。因此,印刷压力是决定印刷品质量的主要因素之一。

1. 印刷压力的分类

印刷压力按功能可分为输墨系统各墨辊之间以及墨辊与印版之间的压力；输水系统各水辊之间以及水辊与印版之间的压力；印版滚筒、橡皮滚筒、压印滚筒之间的压力。只有在上述三方面的压力都合适的前提下，才能均匀传递和转移油墨，实现色彩的正确还原。但三个滚筒之间的印刷压力是否理想是保证印刷质量的关键，因此，通常情况下所说的印刷压力就是指印版滚筒、橡皮滚筒、压印滚筒之间的压力。

2. 印刷压力的作用

印刷压力是完成胶版印刷的首要条件。如果印刷压力偏小，各个印刷面之间不接触或者接触不充分，油墨与承印物之间分子作用很小，油墨转移效果不理想，则印刷的产品墨色浅淡、印迹空虚、层次模糊不清，甚至图文残缺不全；如果印刷压力偏大，油墨就可能被挤压到图文以外的空白部分，转移到承印物上以后，会使印品墨色浓淡不清、网点严重扩大，甚至出现糊版现象；如果印刷压力不稳定，时大时小，油墨转移时而过量时而不足，则印刷品的调子再现和色彩还原飘忽不定，无法达到稳定的理想状态。印刷压力过大或者印刷压力不稳定，会使印版磨损加速，降低印版的耐印力；不仅如此，印刷压力对印刷设备的影响也是很严重的，会使机器超负荷运转，增加电力损失，缩短机器的使用寿命。

综上所述，印刷压力的作用主要体现在以下三个方面：

（1）使各滚筒之间完成可靠的接触，克服它们的粗糙度和不平度，从而使油墨、水分能够与固体表面（纸张、橡皮布、印版等）相互吸附，达到有效的转移。

（2）在一定的印刷压力作用下，油墨克服分子之间的吸引力，增强油墨对固体表面吸附作用，更好地完成液体的转移。

（3）印刷压力使油墨连接料被纸面吸收的速度加快，促进油墨的干燥。

3. 压力与印刷的关系

1）滚筒包衬与图文径向尺寸

改变滚筒包衬量可使图文径向尺寸在滚筒上的包角大小发生改变，由于相邻两滚筒对滚时其角速度始终是相等的，因而承印滚筒上所获得的图文径向尺寸随之也发生变化。具体来说，对某一确定的印版而言，它上面的图文径向尺寸可看作是固定不变，此时当橡皮滚筒包衬量不变时，增大印版滚筒包衬量，将会减小印迹的径向尺寸;反之,减小印版滚筒包衬量,将会增大印迹的径向尺寸。当印版滚筒包衬量不变时,增大橡皮滚筒包衬量,则会增大印迹的径向尺寸;减小橡皮滚筒包衬量,则会缩短印迹的径向尺寸。承印纸张的厚度若有较大增加时,也会增大印迹的径向尺寸。

有不少印刷品对图文尺寸的要求是十分严格的,如地图印刷品、多幅拼印的票证等。在实际印刷生产中,我们需要利用滚筒包衬与图文径向尺寸之间的关系,以保证图文尺寸的精确性和套印的准确性。举例来说,当用较差的纸张进行印刷时,考虑到纸张变形的可能性,后面色组印刷时,纸张已经变薄。这时印刷色组的包衬,则可以进行分级包衬。

2)印刷压力与纸张变形

纸张是具有一定塑性变形的材料,不同的纸张具有不同的塑性变形特性。塑性变形大的纸张在较大的印刷压力作用下,其宽度和拖梢两角的长度会有微量扩展,造成套印不准,尤其是在纸张的拖梢部分更为严重。

印刷压力越大,纸张的变形越明显,所以在印刷同一批产品时,每色印版的压力应尽可能一致,但有时要根据具体情况调整压力,例如,多色胶印机的印刷压力往往是随机组可做微量递减。

纸张的变形与纸张的丝缕有着密切的关系。通常情况下,纸张在印刷压力作用下产生变形引起的套印误差,沿轴向方向比沿径向方向难以调整,所以印刷时,单张纸应尽可能地使纸张纵向和滚筒的轴向平行,而且同一批产品,印刷用纸其丝缕的方向一定要相同,这样才能保证套印的精度,绝不允许同一批产品采用不同丝缕的纸张印刷。

纸张在印刷压力的作用下,存在着扇形变形的情况,所以对套印精度要求高的图像或对主题有重要作用的部分,在印前处理及制版时,就要注意安排在叼口附近,因为印刷时,叼口附近纸张变形小,容易套印准确。

印刷时,橡皮滚筒表面的水分会少量地转移到纸张表面,同时纸张与橡皮布之间进行分离时纸张受到剥离张力的作用以及纸张的受压变形,这些因素都会引起纸张的伸长。为了弥补因纸张尺寸的伸长而导致的套印不准,四色胶印机印刷时可逐渐减少印版滚筒包衬的厚度。一般印版滚筒包衬量可按色序以0.02mm左右的幅度递减。

3)印刷压力与摩擦

理论上合压后的印版滚筒、橡皮滚筒及压印滚筒表面的圆周速度必须相等,接触表面应为纯滚动,不产生滑动。但由于压印时包衬的变形,相邻两滚筒表面产生滑移不可避免。印刷时具有刚性性质的印版滚筒与具有弹性的橡皮滚筒接触后,在接触弧的区域内,它们只有一点或两点的半径相等,其余各点的半径不可能相等,虽然可以做到两滚筒的圆周速度相等,但除半径相等处表面线速度外,其余各点的表面线速度不可能相等,因而造成了印版滚筒与橡皮滚筒之间、橡皮滚筒与压印滚筒之间的表面滑移。因相邻两滚筒表面运动时存在滑移,因此三滚筒之间产生摩擦是必然的。三滚筒之间产生的摩擦主要与印刷压力的大小及滚筒压力分配是否得当有关。

印刷时,在保证图文正常转印的前提下,要使用尽可能小的印刷压力。当印刷压力偏大,两滚筒的半径相差也较大时,印版表面会受到过量的摩擦,从而降低印版的耐印力,严重时会使印版表面发亮,特别是印版的叼口部位最为明显。有时还会使印版表面的图文产生"起毛"现象,最终反映在承印物上。如当印版滚筒包衬后的半径远大于橡皮滚筒包衬后的半径,则易产生"顺毛"现象;反之,则产生"倒毛"现象。

除此之外,当印刷压力过大时,还会造成网点并糊、图文失真、印迹变粗,导致印刷品色调不协调。同时,橡皮布的耐用性下降,纸张更易起毛、脱粉,机器载荷增大、耗电量增加、寿命缩短。当然印刷压力也不能过小,当印刷的压力过小时,将会引起印刷图文的转移不够完整,网点不实,色彩灰淡。

4)印刷压力与纸张厚度

印刷时,当纸张厚度发生明显变化时,必然会引起橡皮滚筒与压印滚筒之间的压力增大,从而影响橡皮布上油墨向纸张转移的状况。同时,当印刷纸张厚度增加时,印刷后纸张表面所得图文宽度也会随之增加。因此,既为了保证较为理想的印刷压力,又要保证纸张表面所得图文宽度与印版图文宽度尽量取得一致,必须采用增大中心距,同时增加印版滚筒包衬量的方法。具体方法是:根据纸张增厚的量,在印版滚筒上也增加相应的包衬量,与此同时,拉开橡皮滚筒与压印滚筒和印版滚筒与橡皮滚筒之间的中心距,保证印压和版压不变。表4-2为海德堡CD-102胶印机在承印纸张厚度变化时滚筒包衬的调整。

表4-2 海德堡CD-102胶印机纸张厚度变化时包衬调整方法 (单位:mm)

印刷纸张厚度	0.10	0.20	0.30	0.40
印版滚筒缩径量	0.50			
印版和衬垫厚度	0.65	0.70	0.75	0.80
印版滚筒滚枕过量	0.15	0.20	0.25	0.30
印版-橡皮滚筒滚枕间隙	0.10	0.15	0.20	0.25
橡皮滚筒缩径量	2.30			

橡皮布和衬垫厚度	2.25			
橡皮滚筒滚枕过量	−0.05			
橡皮−压印滚筒滚枕间隙	0	0.10	0.20	0.30
印版−橡皮滚筒之间压缩量	0.10			
橡皮−压印滚筒之间压缩量	0.10			

要获得理想的印刷品,合理地掌握印刷压力是关键因素之一。一般情况下,印刷压力一经确定后,印刷中途若无特殊情况,不需要调节中心距及更换橡皮布或印版内的衬垫物。

4.2.3 印刷色序

选择恰当的印刷色序是印刷工序中不可忽视的重要环节,特别是包装印刷、超过四色或有专色以及有满版的情况下更应注意印刷色序的安排。正确的印刷色序,会使印刷品颜色更接近原稿,层次清楚,网点清晰,套印准确,颜色真实、自然、协调。对于四色机印刷色序的安排,应注意以下几方面因素的影响。

1. 龟纹和色偏

制版时,应根据原稿色彩的主次来确定网点角度,人的视觉对45°角有一种特殊敏感性,因此通常把原稿的主色版做成45°,其他颜色角度定为15°、75°、90°。印刷时,不同色版的网点之间在不同角度下交叉,构成各种花纹,其中十字形花纹呈色效果最好,僧帽形花纹次之。四色版组纹时,只有强色品红、青、黑组成花纹,黄色视见度低,不起组纹作用,只起组织色彩的作用。因此,在制版时应把品红、青、黑三个强色的网点角度差做成相隔30°,这样既有利于呈色效果,又有利于防止15°龟纹的产生。

在产品工艺设计时,应根据原稿的主色来确定45°角的色版,然后再分别确定其他色版的网点角度,并规定四色机印刷的色序。例如主色调偏蓝、偏绿的风景画原稿,青版网点定为45°,黑版网点定为15°,品红版网点定为75°,黄版网点定为90°,色序确定为黑→品红→青→黄。按这种色序印刷时,相邻两色版之间的网点角度相差至少30°,就能较好地防止龟纹的产生。

2. 逆叠印现象

对于四色胶印机这种湿压湿印刷方式,要使后一色油墨能较好地转移到前一色承印物的墨层上,应顺着印刷色序油墨的黏性依次减小,否则会产生逆叠印现象。

机组式的平版印刷机,印刷时每一色组上的油墨直接转印到纸张的表面,快固着油墨中的低黏度成分和溶剂瞬时大量地渗透到纸张的空隙中,留下高黏度成分和合成脂包裹着颜料成胶凝状态固着在纸张表面,油墨在这一过程中其黏性急剧上升,即油墨的残余黏性。这样后一色油墨的黏性即使与前一色油墨黏性值相同或略大于前一色油墨的黏性,也不会产生逆叠印的现象。但油墨的黏性大小还受到许多因素的影响,如印刷的墨层厚度、印刷速度、温度、油墨乳化程度、油墨辅料的加放量等,极有可能打破原有的正常油墨转移关系,为确保油墨的正常转移,顺着印刷色序油墨黏性应依次降低。对于卫星式平版印刷机,由于印刷时各色墨是依次转移到橡皮滚筒上后才转印到纸张上,前色墨无黏性上升的过程,因此这种类型的印刷机存在着结构上的先天不足,极易产生逆叠印现象。因此,对于这种类型的印刷机,必须严格按照顺着印刷色序油墨黏性依次降低的原则进行印刷,而且前后色之间,油墨的黏性值应相差较大。

印刷油墨的黏性取决于油墨的组成材料及制造工艺,而不是依靠使用者的调配。使用者只能就个别色墨做适量调整或对四色墨做必要的适量等量调整,以保证四色机印刷对油墨黏性的要求。四色机印刷中途最忌讳对个别色墨添加辅助剂,否则会破坏四色机印刷顺着印刷色序油墨的黏性应依次减小的规律,从而使四色机印刷不能正常工作,特别是在印刷中途在油墨中添加干燥剂,破坏性影响将更大。

对于油墨黏性的控制,一般地说单张纸胶印机时速在 5000～10000 转/h 时为 7～13,时速在 20000 转/h 左右时为 4～5,卷筒纸胶印机时速在 20000 转/h 以上时为 3～5。经测试,四色版油墨黏性由大到小的一般顺序为黑→青→品红→黄。

油墨是一种特殊的流体,由于同一类型的各色版油墨使用同种连结料,各色颜料在连结料中分散状况又极其相似,在油墨墨性未改变的情况下,可以粗浅地认为油墨黏性随油墨黏度增大而增大。因此,在实际印刷时,往往是根据油墨黏度大小来确定印刷色序。

3. 叠印能力

确定印刷色序时,油墨的叠印能力是一个需要考虑的重要因素。因为油墨在纸张表面的转移要比在另一色油墨膜层上转移要好得多。尽管相叠印的面积一样,但如果先印小面积再叠印大面积,则叠印部分对小面积油墨层而言,因其直接印在纸上,整个墨色转移都很好;对大面积油墨层而言,虽有一小部分是叠印在另一色小面积油墨膜层上,但其墨层面积大,影响并不大,所以印刷效果比较好。反之,假如先印大面积再印小面积,虽然大面积墨色转移很好,但对小面积墨层而言,由于油墨层全部叠印在另一色大面积墨膜层上,油墨转移量较少,对整体呈色效果来说,就不如前者了。从这里可以看出,当印版上图文面积很大,特别是满版时,通常要将大面积图文色放在后面或最后来印。对四色机顺色序和倒色序的叠色量试验结果表明,四色机在湿压湿的情况下,使用倒色序的叠色量平均比顺色序的叠色量减少11.7%,二次色和三次色的叠色量更低,客观上影响了色彩的饱和度,特别是中调和暗调部分,呈色效果不佳,色彩不丰富。

4. 油墨的透明性

理想的油墨,其本身应绝对的透明,否则,在多色印刷时,光线无法透过上层油墨层而到达下层的油墨层上,油墨叠印的地方就无法显现出混合的效果,复合色的色相、饱和度和明度都会受到影响。

从目前常用的四色油墨的透明度来看,黑墨最差,黄墨最佳,品红墨和青墨则要看所采用的颜料和连结料而定,一般情况是青墨比品红墨透明度差。印刷时,透明度差的油墨一般要先印,透明度好的油墨要后印。

现在通常所采用的四色机印刷色序把黄墨放于最后一色印刷,除了黄墨具有较高的透明度这个原因外,还有以下几方面的原因:

(1)广泛使用低吸收性的铜版纸及适应四色机快速印刷的实际需要,克服了大面积的黄版先印必然造成的湿叠印问题。

(2)避免了青墨和黑墨后印干燥后产生青铜色光泽的倾向,不再有色彩不纯净的感觉。

(3)避免了黄网点的超量扩大。

5. 套印问题

在进行印刷工艺设计时,有时套印问题会成为确定多色机印刷色序的决定因素。这项因素主要是针对纸张的尺寸稳定性。例如,当一个画面的中间是反白文字加黑框,而四周是某色满版,黑框与满版刚好相接触。这时如果纸张在印刷时伸缩得很厉害,那么就有可能造成套印上的困难。因此在安排印刷色序时,应先印黑框,再印满版的油墨。这样做是因为先印黑框所造成的纸张伸缩较小,并且用满版套印黑色更容易。

6. 双影

一般情况下,四色机印刷色序的第一色通常是黑色。但对于有些黑版中有大量文字说明的印刷品(如产品目录),印刷时如果承印物是质地较差的铜版纸,每张纸的伸缩幅度很可能不同,结果第一色的黑墨会部分地转移到第二色的橡皮滚筒表面的不同位置上,这样就会产生双影。双影会使文字变得模糊不清,影响产品质量。在这种情况下,黑色就不宜放在第一色印刷,而应把它放于第三色或最后印刷更为恰当。

注意,以文字和黑实地为主的产品采用青、品红、黄、黑印刷色序时,不能在黄色实地上印刷黑色文字或其他图案,否则会因黄墨黏性小黑墨黏性大而产生逆叠印,造成黑墨印不上或印不实的现象。

7. 地图印刷色序安排的原则

地图印刷色序安排的原则如下:
(1)套合关系严密的先印,套合关系要求不高的后印。
(2)主色先印,副色后印。
(3)分层设色地图的普染要素,由浅色墨向深色墨依次套印。
(4)两个互相叠印的普染要素,一般不宜同时印刷。
(5)线条与网点先印,实地后印。

如上所述,影响四色机印刷色序的因素很多,甚至有些因素之间存在着矛盾。因此,我们在确定印刷色序时,只能取一种折中的方案。目前许多印刷厂普遍采用的四色机印刷色序为黑→青→品红→黄,或者黑→品红→青→黄两种。这两种印刷色序是在综合了多方面的因素后所确定的,是四色机的两个基本色序,其中黑→青→品红→黄这一印刷色序采用得较多,通常称为四色机的标准色序。但是这并不是唯一的,印刷时还应根据具体情况确定,绝不能生搬硬套。一旦确定了印刷色序,印刷时不要随意变更,以免影响画面色彩平衡再现的稳定。

4.3 印刷作业

4.3.1 印刷作业流程

印刷作业一般流程为接受任务→印刷前的准备→安装印版→试印刷→正式印刷→印刷结束后的工作。

4.3.2 印刷操作

1. 接受任务

按作业通知单领取印刷版、审校后的打样样张和印刷用纸,并核对纸张品种、规格、数量。认真分析原稿工艺设计和技术要求,查看样张并注意标示内容,然后确定具体的印刷方案。

2. 印刷前的准备

1)纸张的调湿处理

晾纸是消除纸张因上机遇到水产生的纸张变形,减小因纸张所造成的套印不准的环节。不过一般需要晾的都是 100g 以下的胶版纸。晾纸时,每一打纸不要夹得太多,以免风吹不开,影响晾纸效果。晾纸机要装在印刷车间内,使所晾纸张与环境的温度、湿度基本上一致。

为了减少纸张对水分的敏感程度,保持稳定的含水量,单张纸在印刷时,应在比印刷车间温度高 $10 \sim 15℃$、相对湿度高 $10\% \sim 20\%$ 的晾纸间或晾纸机上吊晾 $1 \sim 2h$,再码放在和印刷车间温、湿度相同的纸台上,放置十几个小时(纸张的理想含水量为 $65\% \sim 75\%$,印刷车间的温度应控制在 $18 \sim 22℃$,相对湿度应在 $60\% \sim 70\%$ 之间)。

2)垛纸

垛纸是保证连续输纸的一个重要环节。由于印刷机上严格的时序关系,纸张不齐会造成输纸故障。所以,垛纸时一定要把纸张垛齐。

对垛纸的要求是纸张前口平齐,纸张侧口平齐,上、下纸张不黏连,纸张表面平整。

垛纸时,应使纸张侧边与侧齐纸板靠实;垛完纸后,应使其前口和前齐纸板靠实,而使侧齐纸板离开,将侧挡纸板靠上纸堆。

通常在垛薄纸时,对于较薄的纸张还需进行敲纸,以提高纸张的挺度,要一打一打用手压一压,这样可使纸张的挺度大大增加,有利于纸张表面的平整。

垛纸时最好能使用靠塞挡板,这样可保证纸张的规矩边整齐。否则,如果垛纸技术不高的话,很难保证纸张的规矩边整齐。垛纸时,应使纸张内部进入足够量的空气,保证所有的纸张都分开,这样才能使不齐的纸张垛齐。垛完一打纸后,应用手在中间撺一下,使纸堆中间形成一定的负压,这样再往上放纸时不会出现相对滑动。另外,垛纸时如发现中间某一张纸垛不齐,可将其抽出放到纸堆的上面(在原位是很难垛齐的)。每垛完一打纸,都应检查其平整度,有不平整的地方要及时处理,否则,在纸张都垛完后再校正是非常困难的。

垛纸时一定要把纸张分开,否则就会形成双张或多张。但由于静电等原因造成纸张黏在一起,这种故障不是垛纸能解决的,应增加环境的湿度或安装专用的静电消除器来消除静电。裁切质量对垛纸的影响比较大,裁得整齐垛纸就比较容易。

如果发现纸台上的纸张的规矩边不合适,也可把纸张倒过来,用其他边做规矩边。翻面印刷时,第一次靠在侧齐纸板的边为规矩边,第二次则是侧齐纸板对面的边为规矩边,这是垛纸时必须要注意的。

纸中如有坏纸片应及时去除,印迹未干透的纸张应轻拿轻放,而且不要在所印刷的图文部分操作,垛纸太高而纸面不平整时应用纸垫平后再装,或者控制纸堆的高度。

3)油墨的调配

油墨厂家生产的油墨一般是原色(Y、M、C、K 四色)墨,印刷时,需要根据印刷品的类别、印刷机的型号、印刷色序等要求,对油墨的色相、黏度、黏着性、干燥性进行调整。

4)胶印机的准备

(1)检查机器。开机前,首先应检查机器,尤其是在操作长时间未开的机器或接开别人的机器时,更应注意,具体如下:

①检查滚筒表面与缺口部位,是否有杂物,如有应及时清除。

②检查墨斗是否有杂物,墨斗辊和墨斗刀片之间是否过紧。

③检查一些重要部件(如递纸牙、收纸链条等)是否有松动现象。

④查看油标,尤其是对于不带油压监测的设备。

⑤检查输纸板上、墨路两边的墙板上、收纸部位的盖板上、脚踏板上等有无不安全的物品,如有应及时清除。

开机前,还应检查水、墨辊等是否安装合适,机器上有无其他可能影响安全的杂物等。上版扳手等应放到专用的工具盒里。还要检查车间内的温度和湿度,湿度应在55%左右,温度22℃左右。

(2)机器保养。开机前主要是油路保养。对于每日加油的部位应定时加油,检查机器上的油箱油标及气泵上的油杯等是否有足够的油,如果油不够应加油后再开机。

(3)准备过版纸。一般情况下,重新装版时,都要进行套准、确定墨色等操作。为了减少浪费,这时不能用正品纸印刷,通常是用过版纸(用过的纸)放在纸堆的最上面,等正式印刷时再用正品纸。要注意的是,过版纸的规格应尽可能与正品纸一致,为了便于套准操作,通常应在过版纸中间均匀放一些正品纸或一面白的纸张。

(4)飞达的调节。飞达的规范化操作包括三个方面:一是遵循对称原则;二是要使压纸脚、分纸吸咀和纸张之间处于最佳配合;三是使递纸吸咀、挡纸舌和接纸辊之间处于最佳配合。

飞达部分具体操作方法如下:

①检查纸堆状况,如纸尾部参差不齐,应重新垛纸;如果纸尾部相差在5mm以上,应将纸分开垛齐,且应将短的纸放在上面,这样对分纸有利。

②检查递纸吸咀、分纸吸咀、压刷、压片、吹咀等位置的对称(上下、左右、前后)状况,如不对称可松开其上面的紧固螺钉进行调节;检查各吸咀的吸气量和吹咀的吹气量,若不一致,则需调整;如果飞达整体左右不对称,可松开支撑轴上面的紧固螺钉进行调节。

③将飞达移动到纸堆的尾部,使压纸脚在纸堆上有5mm左右的压纸量。若纸张切的或垛的不齐,压纸量可大些。

④调节递纸吸咀的高度,使其底面距纸5~10mm。

⑤调节压刷和压片的位置,一般应使其比吸咀吸纸时的最低位置高2~3mm。

⑥调节压块的位置,使其靠近纸的两角,不妨碍纸张的分离。

(5)输纸板部件的调节。输纸板上的输纸布带是保证纸张向前传送的一个非常重要的部件,首先要求它要张紧在输纸板上,使其和输纸板基本上没有相对滑动,但不能太紧,一般应使其能用手向上提起20~30mm。输纸布带分为传送带和过桥带两部分。带有压纸轮的输纸布带为传送带,不带有压纸轮的输纸布带为过桥带。输纸布带可左右移动,从而可根据不同的纸张幅面调整输纸布带的位置。另外,当纸张幅面较大时,可通过增加输纸布带的根数来保证纸张的平稳传送。

输纸布带上一般有3排压纸轮,它们的作用是把纸张准确地从接纸轮传送

给规矩。因此,对其在输纸板上的布置有特别的要求,即必须始终保持纸张处于受约束状态。具体布置如下:

①第 1 排和接纸辊上面的压纸轮之间进行配合,不因纸张幅面的变化而变化,所以,通常此排压纸轮一旦调好后就不再变动。

②第 3 排是保证纸张可靠地传给规矩部分,但又不能影响纸张的定位,所以,一般都把这一排放在距纸尾 10mm 的位置。

③第 2 排是放在上述两排压纸轮的中间,起中间传纸的作用。

5)印版的检查

从制版车间领到上机的印版时,要对印版的色别进行复核,以免发生版色和印刷单元油墨色相不符的印刷故障。印版的浓淡层次是用网点百分比来表现的,网点百分比过大,印版深,否则,印版浅。过深、过浅的印版需要修正或重新制版。此外,还要检查印版的规矩线、切口线、版口尺寸等。

6)橡皮布的安装

安装新橡皮布时要注意其受力方向,并应根据机器的使用说明书的尺寸要求将橡皮布裁切成矩形。确定橡皮滚筒的包衬厚度,根据所需包衬的性质选用适宜的衬垫材料,衬垫材料的幅面尺寸应小于橡皮布的幅面尺寸。装橡皮布时务必将橡皮布版夹放入滚筒的版夹槽内,防止机器运转时橡皮布版夹被甩出。安装橡皮布后应检查其衬垫是否平整,同时还要检查橡皮布是否已经张紧到位,张紧橡皮布后,蜗杆紧定螺钉不能忘记锁紧。新橡皮布在使用 5000 ~ 10000 印张后应再次张紧。

一般先擦洗橡皮滚筒壳体表面,橡皮布在叼口方向卷进收紧轴后,拉平衬垫物至拖梢位置,将橡皮布拖梢装进收紧轴,再慢慢收紧橡皮布。

7)润版液的配置

平版印刷必须使用润版液。一般是在水中加入磷酸盐、磷酸、柠檬酸、乙醇、阿拉伯胶以及表面活性剂等化学成分,根据印刷机、印版、承印材料等的不同要求,配置成性能略有差异的润版液。印刷时,润版液在印版的空白部分形成均匀的水膜,防止脏版。

将润湿粉和水按说明上给定的比例混合后,倒进水箱,然后放好密封圈,拧上水箱盖。水箱内水的高度不宜超过水箱高度的 2/3。最后,打开水箱下面的节门,让水流到水斗里。

对于用水泵供水的系统,在水箱装好润版液后,打开水泵开关,水就可从水箱流到水斗里。如果水上不去,应仔细检查。注意要保持回水管的畅通,否则,有可能造成水斗内水面过高而溢出。

上水量要根据具体印品而定,一般应使水量比实际需要量大一些。上水时,应注意不要把水倒在水箱或水斗的外面,以免水溅到机器上,造成机器表面生锈。另外,上水一般都应在停机时进行。如果在开机时进行操作,一定要注意安全。

8)上墨

上墨量要根据具体印品和印品的数量来确定。一般来说,印品上图文面积越大,实地部分越多,所用墨量就越大。一般应使墨量比实际需要量大一些。

油墨放到墨斗里,一般应左右平衡,且墨量不超过墨斗的2/3高。墨斗内的墨应尽量往最下面放,即上墨时应使墨尽量靠在墨斗刀片和墨斗辊之间的最下部,不宜使整个墨斗上到处都是油墨。这样,可避免其他部位黏墨,造成油墨浪费,同时也便于墨斗清洗。在从墨桶内取墨时,应清除墨皮等杂质。墨桶内剩下的墨表面应平整,这样可使生成的墨皮量最少,且便于清理。为了避免油墨浪费,应尽量使用小盒墨。

在进行多色印刷时,还涉及换墨问题。换墨的原则是浅换浅,深换深。例如,黄换红或蓝换黑。换墨时,应先刮下墨路上的墨,然后将所要用的墨适量放入墨路,打匀后,再刮一次。最后,将所用的墨放入墨斗。这样做主要是为了防止串墨色。

9)收纸部位齐纸机构的调整

将纸张放在收纸台上的中间位置(和机器中线一致),调整左右侧齐纸机构,使其在最大位置时靠到纸边。然后调整后齐纸机构,使其靠近纸张的拖梢。

10)色序的确定

系列比例尺四色地形图的印刷属专色印刷,通常采用黑、棕、蓝、绿色序。当水系要素载负量大而棕要素较少时,也可采用黑、蓝、棕、绿色序。在 CP2000 操作面板中进行设置,如图 4-30 所示。

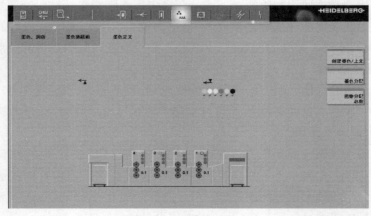

图 4-30　墨色定义窗口

11）印刷材料参数、印数及印刷速度的设置

准确地输入印刷材料的各项参数,设置印数及印刷速度,如图4 - 31、图4 - 32所示。

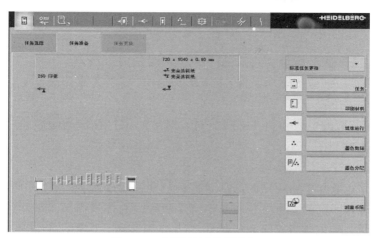

图4 - 31　印刷材料参数设置窗口

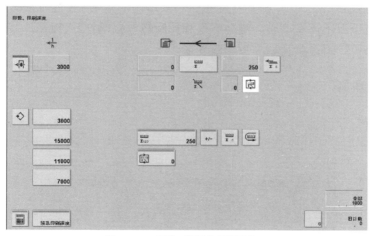

图4 - 32　印数、印刷速度设置窗口

12）开机运转

开机之前,应先按铃(如果人员比较多,铃声应长一些),以便机器周围的人提前做好准备。为了确保安全,还应观察一下周围。按运转开关之前,另一只手应放在紧急停机开关上,如有异常(通常以机器的声音来判断),则应紧急停机。一般上版、上橡皮布或清洗滚筒表面时,都应先空转机器,使轴承、齿轮、凸轮、链轮等表面有足够的润滑油存在。

3. 安装印版

印版安装是十分重要的,规范安装印版会给其他操作(如套准等)带来很大方便。

安装印版时,应注意以下几个方面:

(1)检查印版的质量,如有质量问题应及时处理。

(2)印版版夹应按要求调好:上下版夹居中,后版夹靠到滚筒上,前版夹按要求调到合适位置。

(3)使印版的中线和版夹中线相对。对于使用打孔器的印版,一定要把相应的定位孔对上。

(4)印版要适度张紧。

根据作业通知单所规定的产品名称和色别领取印版,并检查印版的质量和规格是否符合印刷的要求。装版前应将印版滚筒壳体表面擦拭干净,并根据机器使用说明书确定印版滚筒的包衬量,然后进行装版。取用印版要轻拿轻放,防止印版产生变形,而且拿取印版时版面应朝向自己身体,防止印版刮伤。印版下衬的纸应清洁平整,厚薄均匀,其尺寸要小于印版的尺寸,放置衬纸时一定要将衬纸铺平,千万不可有褶皱。版夹螺丝和拉版螺丝必须拧紧,以防印版或螺丝松脱,但也不可拧得过紧从而导致印版变形。

4. 试印刷

1)套准

首先印出开印样张,以印版上的规矩线为标准,调整印版位置,达到套印准确,如图4-33所示。

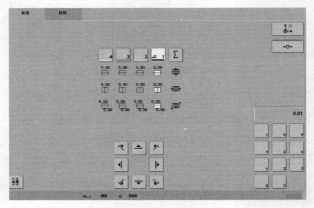

图4-33 套准窗口

2）水墨平衡控制

调好油墨、润版液的供给量,使墨色符合样张,印出的开印样张审查合格后,即可正式印刷,如图4－34所示。

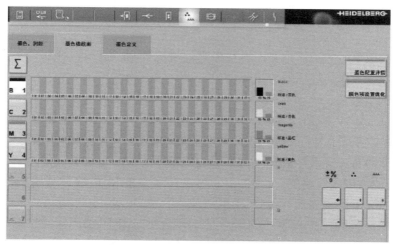

图4－34　墨色调节窗口

5. 正式印刷

正式印刷开始前应对计数器清零并处于计数状态。

在印刷过程中要随时抽取印样,检查产品质量。主要内容包括套印是否准确,误差不得超过0.1mm,字迹、图文是否清楚,墨色是否符合样张,网点是否发虚,文字线条是否光洁、完整,空白是否洁净等。同时,注意观察印刷机在运行中机械运转及水墨平衡有无异常,发现问题及时处理。

在印刷过程中严格执行"五勤六不印"。

五勤:

（1）勤对照样张;

（2）勤看规矩套合;

（3）勤检查水、墨大小;

（4）勤检查是否起朦上脏;

（5）勤检查机器设备有无异常情况。

六不印:

（1）规矩不好,套合不准不印;

（2）线划网点不实,大片不平不印;

（3）墨色不正确不印;

（4）不符合样张不印；

（5）大片底子有白点、墨点不印；

（6）发现问题或有疑问不印。

6. 印刷结束后的工作

印刷结束后的工作主要内容有墨辊的清洗、印张的整理、印版的处置、印刷机的保养以及作业环境的清扫等。

1）洗车

每日下班前，应清洗墨路。应首先取出墨斗内剩余的油墨，把这些油墨装到专用的墨盒里备用。下次使用时，去除上面的墨皮即可。然后用蘸有汽油和煤油混合液的布清洗墨斗和墨斗辊。清洗匀墨系统时，先装上刮墨器，但不要合上，待清洗液倒入墨路里后，再合上刮墨器。刮完墨后，应取下刮墨器，再停机。用手指擦一下墨辊表面，可判断墨辊是否洗干净。

选择"手动清洗"程序，使用洗车水对墨辊进行清洗，如图4－35所示。

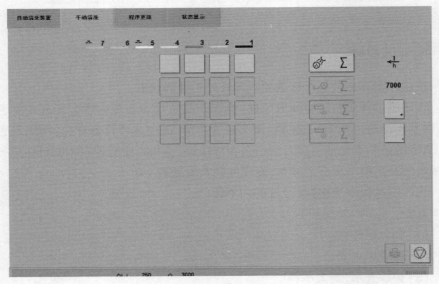

图4－35　洗车窗口

清洗墨路还有一个方法，就是离开着水辊，然后走过版纸合压，这样可迅速去除墨路上的大部分油墨。注意，用过的这些过版纸不宜再使用。

2）清洗滚筒

印版滚筒、橡皮滚筒、压印滚筒、传纸滚筒等，都应酌情清洗。如果不清洗，油污等杂质会固着在滚筒上。对于要保留的印版，应擦胶并放置在阴凉处。停机后,橡皮布应松一下,这样可减轻橡皮布的蠕变,从而延长橡皮布的使用寿命。

3)关机

在 CP2000 窗口点击"维护小扳手",选择关闭印刷机,此时机器处于"软关机"状态。待机器自动断开电源后,将电源开关扳至"0"位置,并放掉压缩空气。

对整机及外围设备进行擦拭,用保护布覆盖印刷机。对设备的使用及清洁情况填写报表,并做好交接登记。

4)印张的处置

将印完的印张送到指定的地方,以防丢失或伸缩变形。

技能训练题

1. 颜色的概念是什么? 光与色是如何定义的?

2. 三原色如何分类?

3. 网点按照构成图像排列特征的规律可分为哪几种?

4. AM 调幅网点的参数有哪些?

5. 如何确定网点角度?

6. 印刷颜色的合成可分为哪两种不同情况?

7. 简述平版胶印的印刷过程和原理。

8. 印刷过程中水墨平衡的含义及其控制方法是什么?

9. 印刷过程中印刷压力的作用主要体现在哪些方面?

10. 军用地图印刷色序安排的原则是什么?

印后加工是使印刷品获得所要求的形状和使用性能以及产品分发的后续加工,也称为印后。不同种类的印刷品,其印后加工繁简不一。例如:单张地图需要裁切、分级后进行打包;地图集需要进行折页、配页、钉书、包封面、裁切等一系列复杂的工序。

5.1　单张地图分级与包装

5.1.1　地图分级

地图分级,就是对已印刷的地图成品,按照地图质量标准,把正品和副品分别存放,应做到分级后的正品中不得有副品,副品中不得有废品。

1. 分级前的准备工作

当印刷作业通知单周转到分级工序后,分级人员按照通知单规定的印数到印刷机组验收成图。如数量和通知单相符,即可接收并送交断裁。在正式分级前应做好以下工作:

(1)在断裁后的成品(双幅或四幅印刷)上,每500张做一编号,以便在分级中发现问题时,能相互进行联系并便于查找。

(2)了解作业通知单对成图的要求及有关规定,同时要了解印刷顺序以及印刷中发生的问题在通知单上的有关记载。

(3)领取样张,对印刷成图进行全面查对,掌握图面情况,确定分级和检查的重点。

2. 分级

分级要确保质量,除了解和熟悉印刷过程以及成图标准等情况外,还需具有高度认真负责的精神,认真负责是把好分级质量关的保证。地图分级时应注意以下问题：

（1）在正式分级前，应先试分 500～1000 张，认真查看图内情况，以确定分级重点。因分级时不可能对每张图都全面查看，只能掌握重点，特别是套合情况。

（2）一般四色地图应分三遍，每遍都应选择不同的分级重点。分级时，一定要注意图幅的拼幅位置，分清叼口、拖梢。

（3）分级时应选择控制面大的地方，以便观看图的内容。在分每一遍时，应根据图的内容位置，选择所看的重点。一般应是一遍重点看套合，一遍重点看墨色，一遍重点看内容。

（4）分级发现问题时，如缺色、大跑规矩等，应及时汇报。

（5）分级人员对所分成图要进行验数工作，每 500 张放一叠。对所分成图的质量情况及数量，应在作业通知单上填写清楚，交复查员进行复查。

3. 分级质量检查和数量复查

分级工序，应设立专人检查分级质量和复查地图数量工作。检查质量和复查数量时，应注意以下问题：

（1）分级质量的检查工作，应在分级的过程中进行检查，以避免或减少废品进入正品中，检查人员应了解每幅图的质量情况，熟悉成图质量标准和印图规范，以确定检查的重点。

（2）在工作时间允许时，应尽量多做检查。一般应抽查 15%～30%。

（3）复查人员按照分级人员填写的作业通知单，对地图的数量进行复查。一般应数两遍，确定数量无误后，连同作业通知单一起交给包装人员。

5.1.2 地图包装

地图包装是指将分级后的成品图，经检查验收后，每 100 张装入一个防水袋内，再根据图种的不同，将一定数量（如 300 张或 500 张）的成品图捆扎，用牛皮纸包装，并贴上标签。地图包装前，应了解作业通知单的有关规定、发往单位和数量。同时，按照分级人员填写的作业通知单的数量、地图等级，认真进行核对。

1. 包装前的准备工作

根据地图的尺寸，把包装用纸按图幅规格裁好，并在包装露图号的位置打一长方孔。准备好捆扎内、外包的长短麻绳，同时在标签上填写好图幅编号及质量检查证。地图包装方法有内包捆法和外包捆法两种。

1）内包捆法

大比例尺图每 100 张对折一叠,500 张一捆。小比例尺图每 100 张三折一叠,300 张一捆。每捆取出一张,将图名图号折好露出放在该叠的上面,然后用绳将两头捆好。

2）外包捆法

将包装纸上预先打好的长方孔对准内包图名图号,两边裹紧,两头折叠方正,捆扎结实。地图包捆好后,还应贴上标签,如图 5 – 1 所示。

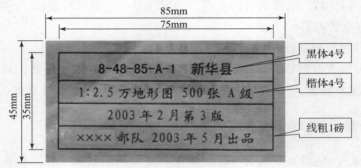

图 5 – 1 地图外包装标签

标签格式的填写要求如下:

（1）尺寸及边框宽度:标签规格 85mm×45mm,外框边宽 5mm。

（2）标签颜色:1:1 万和 1:2.5 万地形图用蓝色,1:5 万地形图用绿色,1:10 万地形图用棕色,1:25 万联合作战图用红色,1:50 万~1:100 万联合作战图用紫色,专题地图和地图集用黄色,如图 5 – 2 所示。

比例尺	1:1万 1:2.5万	1:5万	1:10万	1:25万	1:50万~ 1:100万	专题地图 地图集
标签底色	蓝	绿	棕	红	紫	黄

图 5 – 2 地图外包装标签底色标准

（3）文字颜色及字体、字号:标签内文字与框边颜色相同,标签上的图幅编号和图名使用黑体 4 号字,其他内容使用楷体 4 号字。

除此之外还需特别注意,使用两种文字出版的地形图,须在版次的后面注明所用文字的种类。

2. 包装质量要求

地图包装质量要求包括以下几个方面:

（1）1∶2.5 万~1∶25 万地形图每 500 张包成一包,1∶50 万以上的地形图或航空图每 300 张包成一包。每幅图的零头够 200 张包成一包,并贴标签;不足 200 张,另包成一包,不贴标签,但需在包外用红或蓝笔标明张数,并保证每包数量准确。

（2）包装要坚固,整齐方正,捆扎结实,在运输中不散包。

（3）包装好的地形图,封贴的标签要整洁,填写的字迹要清楚、准确,不得倒贴、贴错。

5.2　地图集装订

装订是将印张加工成册所需的各种加工工序的总称。把印刷好的一批批分散的半成品页张(包括图表、衬页、封面等),根据不同规格和要求折成书帖,再采用不同的订、锁、黏的方法连接起来,选择不同的装帧方式进行包装加工,成为便于使用、阅读和保存的印刷品的加工过程。

装订方法主要有平装、精装和骑马订等。平装是应用最广泛的装订方法,主要工序为折页、配页、订书、包封面、裁切等,无线胶订生产效率高,质量好,是平装地图集最常用的装订工艺,平装书结构如图 5－3 所示;精装主要用于大型地图集的装订,其主要采用锁线和胶黏两种方法装订,精装工序多,生产速度较慢,装帧效果精美;骑马订主要用于页码数小于 100 页的地图集,其工艺简单,生产速度快。

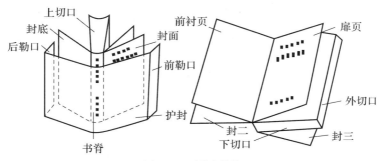

图 5－3　平装书结构

5.2.1　折页

折页是书籍装订的第一道工序,折页是将大幅面的印张按照页码顺序、版面要求折成多页张书帖的工作过程。

1. 折页方式

在装订生产中,依据折页过程中印张转动的情况和折缝的相对位置,折页方式分为平行折页、垂直折页和混合折页三种。

平行折页是指相邻两折的折线相互平行的折页方法,多用于折叠长条形的页张和纸张较厚实的地图等,如图 5 - 4 所示。

垂直折页是指每折完一折将书页转 90°,再折第二折,使相邻两折的折缝相互垂直的折页方法,是应用最普遍的折叠方法,如图 5 - 5 所示。

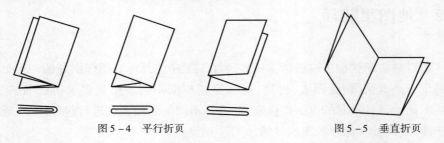

图 5 - 4　平行折页　　　　　　　　图 5 - 5　垂直折页

混合折页是指在同一书帖中的相邻两折缝,既有平行,又有垂直的折页方式,如图 5 - 6 所示。

依据折页过程中折页的方向,折页方式分为正折(也称为顺手折、正手)和反折(反手),如图 5 - 7 所示。

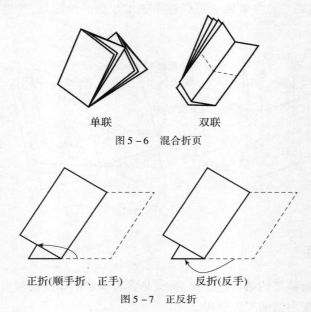

单联　　　　　　　　双联

图 5 - 6　混合折页

正折(顺手折、正手)　　　　　反折(反手)

图 5 - 7　正反折

2. 折页设备

目前,折页大部分采用机械折页。折页机分为刀式折页机、栅栏式折页机和栅刀混合式折页机。

刀式折页机的折页机构是利用折刀将印张压入相对旋转的一对折页辊中间,再由折页辊送出,完成一次折页过程。刀式折页具有较高的精度,书帖折缝压的实,对纸张质量的要求比较宽泛,对于较薄、软的纸张也可以折页,由于折刀的运动惯性,折页速度较慢,最大幅面为全开。刀式折页机构如图 5 – 8 所示。

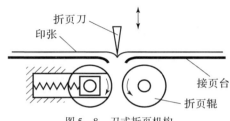

图 5 – 8　刀式折页机构

栅栏式折页机的折页机构是利用折页栅栏与相对旋转的折页辊和挡规相互配合完成折页工作的。栅栏式折页机机身较小,占地面积小,折页方式多,折页速度快,具有较高的生产效率,操作方便,维修简单,对纸张的厚度、硬度、平滑度比较敏感,折页机最大幅面为对开。栅栏式折页机构如图 5 – 9 所示。

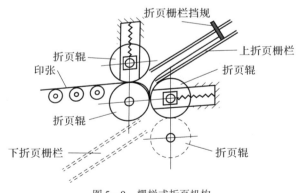

图 5 – 9　栅栏式折页机构

栅刀混合式折页机一般一、二折采用栅栏式折页机构,三、四折采用刀式折页机构,这种折页机折页速度快,折页质量好,性能稳定,调整简单,操作维修方便。栅刀混合式折页机同时具备了刀式和栅栏式折页机的优点,目前国内外生产的折页机一般都采用栅刀混合式结构。

5.2.2 配页

配页就是把已折好的全书所有的书帖,按顺序配齐全,以准备装订。各种书刊,除单帖成本的以外,都需要经过配页的过程才能成册。配页的方法有套帖法和配帖法。套帖法是指将书帖按页码顺序套在另一个书帖外面的配页方法,适用于帖数较少的骑马订书籍,用搭页机构来完成;配帖法是指将各个书帖按页码顺序,一帖一帖地叠擦在一起的配页方式,适用于锁线订、无线胶订等平装书或精装书。配页方法如图 5-10 所示。

图 5-10 配页方法

1. 配页设备

配帖机是完成配帖的配页设备,其工作原理是先由分帖机构将书帖分离,然后按顺序将书帖放在传送带上,依次重叠,完成书芯的配帖。配帖机的工作原理如图 5-11 所示。

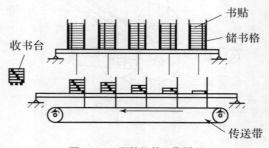

图 5-11 配帖机的工作原理

搭页机是进行套帖的配页设备,可以与骑马订设备配套使用,搭页机组的数量可根据书帖的多少安排。搭页机的工作原理如图 5-12 所示。

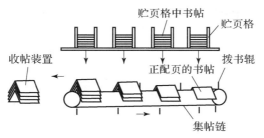

图 5 - 12　搭页机的工作原理

2. 配页质量要求

配页要求书帖不能出现多帖、少帖、重帖、漏帖等现象。书刊印刷时,在书帖的书脊处按要求印刷帖标,配帖以后的书芯在书背处就会形成阶梯状的标记,用来检查配帖质量。帖标检查原理如图 5 - 13 所示。

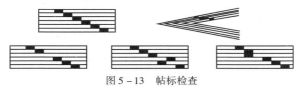

图 5 - 13　帖标检查

5.2.3　订书

将配页完成的书芯,按成品要求,用相应的装订材料装订成册的过程称为订书。书芯的订联质量对书籍的耐用和美观程度起着极其重要的作用,书芯订联的方式有铁丝订(铁丝平订、骑马订)、无线胶订、锁线订和特种装订等。

1. 铁丝订

铁丝订是一种成本低廉的装订方法,常见的订书形式有骑马订和铁丝平订,如图 5 - 14 所示。骑马订主要用于页数较少的地图集的订联,其生产效率高,价格便宜,所订书册的书背平整。铁丝平订的订脚紧,较厚的书不易翻阅,铁丝受潮易生锈,一方面影响书的牢固程度,另一方面锈斑渗透封面,易造成书页的破损和脱落。

铁丝平订　　　　　　　　　　　　骑马订

图 5 - 14　铁丝钉

2. 锁线订

锁线订是将书芯的书帖按配页顺序一帖一帖地用纱线沿订缝串联起来,使各书帖间相互锁紧成册的过程,常用于精装地图集和页数较多的平装地图集。锁线订加工完成的书芯,摊平程度高,阅读方便,装订牢固,质量高,使用寿命长,锁线订分为平订和交叉订两种。

3. 无线胶订

无线胶订是用胶黏剂将书帖或书页黏合在一起制成书芯的订联方式,常用于平装地图集和精装地图集。无线胶订分为锯槽式、打孔式和铣背拉毛式三种,铣背拉毛式是联动生产线常用的订联方式。

无线胶订以"黏"代替"订",订联的材料为热熔胶。热熔胶在常温下通常为固体,加热到一定温度后熔融为液体,冷却到熔点以下,又迅速变成固体。常用的热熔胶有 EVA 热熔胶和 PUR 热熔胶,EVA 热熔胶的软化点在 80℃ 以上,在 130~180℃ 时达到适合书帖黏合的状态;PUR 热熔胶是暴露在空气中发生交联反应而固化,固化后的 PUR 膜层具有较高的强度,形成耐久的胶黏薄膜,完成书帖黏合。

5.2.4 包封面

包封面是在订好的书芯上包上纸质封面。封面是包在书芯外面的一层保护层,对书芯起到保护作用,也是书籍的门面,通过书籍封面设计来反映书籍内容。根据书籍装订的方式、开本大小和厚度,封面的包裹形式有平订包式封面、平订压槽包式封面、平订压槽裱背封面、平订勒口包式封面和骑马订式封面。

平订包式封面是平装书籍常用的一种形式,其包裹方法是在书芯脊背上刷胶外,还沿着书芯订口部分上涂刷 3~8mm 宽的胶液,使封面不仅黏在脊背上,而且黏在书芯的第一面和最后一面上。

平订勒口包式封面和平订包式封面的区别是包在书芯上的封面的封底的外切口边,要留出 30~40mm 的空白纸边,待封面包好后,将前口长出的部分沿前口边勒齐、转折刮平,再经天头、地脚的裁切。

骑马订式封面是将套帖配好的书帖及封面从中间分开,在折缝处用铁丝订联。

包封面所用的设备叫包本机,按机器的外形分为圆盘式和长条式两种类型。圆盘式包本机工作过程如图 5-15 所示。

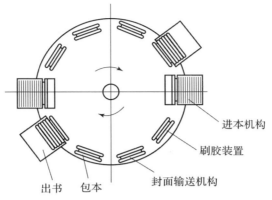

图 5 – 15　圆盘式包本机工作过程

进本机构

刷胶装置

封面输送机构

出书　包本

5.2.5　裁切

书籍裁切有单面切和三面切两类,单面切一本书要切三次,三面切一本书一次成型,效率高、质量好。

自动三面切书机一般应用在精装书和平装书联动生产线中,送书、出书均为自动,无书自动停止裁切,一次定位,完成书册的三面裁切,裁切效率高。三面切书机结构如图 5 – 16 所示。

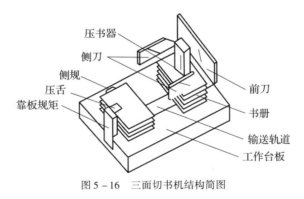

压书器

侧刀

侧规

压舌

靠板规矩

前刀

书册

输送轨道

工作台板

图 5 – 16　三面切书机结构简图

技能训练题

1. 什么是印后加工?地图集的印后加工分为哪几个过程?
2. 地图分级前的准备工作有哪些?

3. 地图分级时的注意事项有哪些？

4. 地图包装方法有哪两种？请分别简述其包装过程。

5. 折页方法如何分类？每种折页方式各有什么特点？

6. 如何检查配帖质量？

7. 订书方式有哪几种？分别如何进行订联？

印刷品质量检测与控制

我国正从印刷大国向印刷强国迈进，人们对印刷品的质量要求越来越高。而印刷品的质量受原稿质量、印刷材料、设备性能、印刷工艺、操作技能等诸多因素的影响，贯穿印刷的整个流程。在印刷全流程中科学评价、准确检测、及时控制印刷质量对提升印刷品质至关重要，越来越受到印刷行业的重视。

6.1 印刷品质量评价

6.1.1 影响印刷品质量评价的主要因素

印刷品具有工业产品和视觉产品的双重属性，对于印刷品的质量，既不能完全按照人类的视知觉特性进行评价，也不能全部根据客观测量数据进行评判，需要综合考虑人的心理因素和印刷复制的物理因素。具体而言，人们在评价印刷品质量时，通常考虑美学、技术、一致性三方面因素。

1. 美学因素

因为印刷品最终是视觉产品，所以人们在对印刷品质量进行评价时，第一感受就是印刷品的美学效果。印刷品的美学效果主要和工艺人员的设计水平有关。印刷品质量的美学因素，实际上是设计人员的想象力与创造力的体现。一名优秀的设计人员应该熟悉审美方面的设计准则，应该知道承印材料、油墨和印刷工艺等方面存在的技术制约，以便使印刷品产生优良的美学效果。

2. 技术因素

在完成了印刷品原稿的格式设计并确定了印刷方法、油墨和承印材料之后，能够对印刷质量产生影响的便是技术因素。技术因素就是在印刷生产的各个工序中，对印刷品质量产生影响的因素。在制版、印刷设备及印刷材料特性限定的範围内,应尽可能忠实地再现出设计的内容。

印刷品质量的技术特性包括图像清晰度、色彩与阶调再现程度、光泽度和质感等各个方面。在这些技术特性因素中,有一些是可以量化的,如色彩与阶调,在复制过程的各个工序里,人们对这些因素能够加以控制;有一些技术因素是不可量化的,但可以用语言描述。例如为了获得最佳的印刷品质量,必须把出现龟纹的可能性压缩到最低程度,这就是用语言描述的形式;再如光泽度特性会因最终用途的不同而发生变化,为了提高文字印刷品的易读性,需要采用低光泽度的纸张,但为了使图像原稿的复制取得最好的反差,则又需要采用高光泽度的纸张。

3. 一致性因素

一致性因素所涉及的问题是允许各个印张之间的变化可以有多大,这是印刷过程中质量稳定性方面的问题。随着印刷数量增加,印刷时间相应延长,在这段时间内,各种可变因素的加入,必然会反映到印刷质量上来。另外由于印版耐印力方面存在问题,有时候需要在中途更换印版,也可能由于纸张、橡皮布、印刷机方面的故障,不得不在中途停机,从而使原来的水墨平衡关系受到干扰,一旦重新印刷,其印刷质量就很难与先印的一致。

6.1.2 印刷品质量的评价方法

评价印刷质量优劣的方法取决于人对各种印刷品的视觉感应,通常以目视为主或借助器具进行微观检查,结合质量标准进行鉴定,可分为主观评价、客观评价和综合评价三种方法。

1. 主观评价方法

主观评价是指由人而不是使用仪器来评价印刷品质量的方法。印刷作业的主要目的是生产能够阅读或观看的印刷品,因而其质量高低是通过视觉观察予以评价的。从这个层面上讲,印刷品的最终质量判断方式往往是以主观性为主的。在此不仅不需要使用仪器,还意味着,为研究印刷品质量而设计出来的仪器无论如何发展,其测量结果必须永远接受人的视觉感受的检验。从某种程度上讲,印品质量精度如果超出人的视觉灵敏度范围,对于绝大多数应用而言是没有意义的。所以应该做的是努力将简单而快速的印刷品质量测量仪器和人的视觉系统相结合起来,仪器设计时更多地模拟人的视觉系统的特性。

主观评价常用的方法有目视评价方法和定性指标评价方法。目视评价方法是指在相同的评价环境条件下,由多个有经验的管理人员、技术人员和用户来观察原稿和印刷品,对各个印刷品按优、良、中、差分等级,并统计各分级的频数,再综合计算出评价结果。定性指标评价方法是指按一定的定性指标(如颜色、层次、反差、质感、光泽等),由多个有经验的评价人员逐项评分,进一步量化每项指标对印刷品质量的影响程度(权值),最后统计印刷品的加权总分,根据得分情况评定印刷品的质量。

由于主观评价是以复制品的原稿为基础,以印刷质量标准为依据,对照样张,根据评价者的心理印象进行评价的。它会随着评价者的身份、性别、爱好的不同而产生很大的差别,具有主观性、局限性和不一致性。因此在评价时,要求评判员必须具有较高的综合素质,严格根据自己的专业水平,通过专业的视觉感受来相对客观地进行评价。对于不同种类的印刷品,应考虑顾客或消费者的心理,诸如美感、印刷精度等制定相应的评价标准。主观评价方法还常常受到地点、环境状况以及评价者心理状态等因素的影响,评价结果对印刷的某一品质可能容易达成统一,而对综合性的全面品质却很难达成一致的意见,只能得到大体相同的结论,结果的重复可靠性也常常受到质疑。这种评价方法虽然已在相当长的历史阶段中发挥了重要作用,但是随着科学技术的发展和检测手段的完善,最终会被抛弃。

2. 客观评价方法

采用仪器对印品质量进行检测评价的方法称为客观评价方法。为了进行标准化的印刷生产和质量管理,需要将印刷品的主观评价描述转换成可以进行检测和控制的物理量。

客观评价方法在具体实施时是利用适当的检测手段对印刷品的各个质量特征进行测量,并用数据加以表示。客观评价可以用定量数据来反映印刷品的各个质量特征,使印刷的各工序有统一的标准,减少作业过程中的错误,有利于对整个作业流程进行质量管理,从而能够有效地稳定印刷品的质量。对于彩色图像来说,印刷质量的评价内容主要包括色彩再现、阶调层次再现、清晰度、分辨率、网点的微观质量和质量稳定性等方面的内容,可使用密度计、分光光度计、控制条、图像摄影及扫描技术等测得这些质量参数。因为印刷质量参数很少是独立变量,每个质量因素对图像评价效果的影响不同,在评价中应考虑各个质量参数的加权值。

在使用仪器进行测量时一定要注意使用条件及注意事项,以保证其正常的工作状态。另外,特别要注意不同测量条件下的结果差异,如不同厂家、不同型号及测试时的不同视场等。

3. 综合评价方法

由于用主观评价方法评价印刷质量存在诸多问题,因此,需要结合客观的测量评价方法一起实施综合评价。

综合评价方法的思路是以客观评价手段获得的数据为基础,与主观评价的各种因素相互参照后,得到共同的评价标准,然后将数据通过计算、做表,得出印刷质量的综合评价分值。使用印刷质量综合评价方法的基础在于主观评价方面存在着共识,也就是说印刷质量专家与大多数人在主观印象上存在着一致性。

目前较常用的方法多是将影响印刷适性的若干因素,如反射密度、清晰度、不均匀性等作为一种指标加以考虑,并通过印刷适性仪、反射密度计以及标准材料等求得具体数值,即采用印刷适性指数法。此外,还可用数理统计方法,将想要评价的印刷品按主观、客观几个方面来排列顺序,最后取其相关数作为使用的最佳印刷品的指数。对于大多数情况,这些评价方法能够得到一致或者说接近一致的结果,因此可以作为参考。

6.2　印刷质量检测

6.2.1　印刷质量检测的主要内容

1. 实地密度

印刷品的实地密度值是随着墨层厚度的增加而增大的。但当墨层厚度增加到一定值时,油墨的实地密度值也达到一个最大值,继续增加墨层厚度,实地密度值不再增大,而网点扩大值却明显增加。通过控制实地密度值,基本上等于控制了墨层厚度和网点扩大值,也等于控制了图像最暗端的色调值。

实地密度值随印刷时所用纸张、油墨及印迹的新旧程度不同而变化。在同一张纸上,黄、品红、青、黑四色的最大密度值是不同的。在不同品种的纸张上用相同油墨印刷,尽管墨层厚度相同,实地密度值却不相同。另外,在测定印刷墨层的实地密度时,刚印刷好呈润湿状态的实地密度高于已干燥印刷墨层的实地密度,这种随着油墨干燥而密度值下降的现象称为干退密度现象,干退密度的程度因印刷条件的不同而不同。作为评价与控制印刷品质量的密度值,不应使用刚刚印刷的密度值,而应使用油墨干燥后的密度值。在印刷过程中,通过抽样测量印张上色块的实地密度,就可以检查墨层厚度是否适当以及整个印刷品的墨层厚度是否均匀一致。

2. 亮调网点面积

印刷品上亮调部分是否能有清晰的层次变化,过渡是否自然恰当,是印刷品质量的重要指标,是表现画面质感、立体感的关键,因为人眼对这一部分的变化反应非常敏感。在亮调部分的小网点复制得好,则亮调部分的层次就好、质感就强。确定了实地密度,又确定了亮调的网点面积覆盖率,则图像的阶调范围就确定了。

3. 网点扩大值

网点扩大值是指印刷品上清晰的网点面积与印版上相对应处的网点面积的差值。在正常的印刷压力条件下,印刷网点扩大是不可避免的正常现象。

图像的阶调、层次、清晰度及颜色的表现,取决于各色版不同面积的网点排列组合叠印的效果,排列组合叠印准确、规范、网点面积扩大在允许范围内,则图像的层次、清晰度等就好,否则就差。

4. 相对反差值

在研究印刷质量测控技术中,德国印刷研究协会(FORGRA)提出用相对反差值(K值)作为控制实地密度和网点增大的技术参数。相对反差值反映了印刷实地密度与网点扩大之间的内在联系,其计算公式如下:

$$K = \frac{D_s - D_t}{D_s} = 1 - \frac{D_t}{D_s}$$

式中:D_s 为实地密度值;D_t 为 75%(或 80%)阶调值的密度;K 为所检测图像的相对反差值(范围为 0~1)。

印刷时总希望印刷色彩饱和鲜明,这就必须印足墨量,但是墨量却不能无限制地增加。当油墨量达到 $10\mu m$ 厚度时,油墨即达到饱和实地密度,再继续增加墨量,油墨的实地密度几乎不再增加,而网点的扩大却十分明显,直接影响印刷品的阶调层次。分析 K 值的公式可知,在墨层较薄时,随着实地密度的增加 K 值逐渐增加,图像的相对反差逐渐增大;但实地密度达到某一数值后,K 值就开始从某一峰值向下跌落,图像开始变得浓重、层次减少、反差降低。所以,实地密度的标准,应以印刷图像反差良好、网点增大适宜为度。从数据规律来看,应以相对反差值最大时的实地密度值作为最佳实地密度。

5. 灰平衡数据

灰平衡是指在一定印刷条件下,黄、品红、青三原色油墨按一定比例叠印,得到视觉上中性灰的颜色,该点的黄、品红、青的网点百分数即为该点的灰平衡数据。可见,灰平衡数据不是一个,而是一系列数据。

理想的三原色油墨等量相加混合应获得中性灰色,但是实际的三原色油墨由于纯度不够,与理想墨相差较大,要得到正确的各等级的灰色,则必须根据油墨的实际特性,改变三原色油墨的网点比例,相互叠印后才能呈现出需要的各级灰色。灰平衡是判断印刷色彩是否平衡的重要指标,应作为各工序控制质量的依据,贯穿在印刷复制的全过程之中。

6.2.2 印刷质量检测的常用方法

随着印刷技术的不断发展,印刷质量检测方法也在不断变化,传统的人工目测法正逐渐被现代化的在线检测法取代。

1. 人工目测法

人工目测法是一种利用肉眼(辅以放大镜、信号条等工具)进行印刷质量检测的传统方法,它主要通过人为的比对,来检测印品与标准样张的视觉差异。在印刷业早期,由于各个环节没有统一标准和准确数据,印刷工人只能依据经验采用人工目测法进行印品质量检测。直到今天,一些小微印刷企业仍然广泛使用人工目测法,主要原因是该方法成本低廉、操作简单、使用灵活。但是该方法容易受操作人员的经验、情绪、爱好等因素影响,检测结果的精度和稳定性差。

2. 密度检测法

密度检测法通过密度计测量色块的密度值以及网点面积率,进而控制印品的色调以及油墨厚度。目前使用的密度计主要有反射密度计和透射密度计两种,检测的对象主要是一些标准测控条(如美国的 GATF 测控条、瑞士的 BRUN-NER 测控条、德国的 FOGRA 测控条等)上的色块。密度计操作方便、数据读取速度快,密度检测法开启了印刷品质量客观评价的时代。但密度计存在如下缺陷:①仪器之间的一致性差,这是由光源、光电倍增管和滤色片之间光谱特性上的差异造成的;②密度计不能提供与肉眼灵敏度相关的心理物理测量,其分析测量能力是有限的;③密度测量不能以某种形式跟 CIE 表色系统相关联,而 CIE 表色系统是工人的色彩语言。由于密度计本身的缺陷,在印刷质量检测中,密度检测法不够精确、不够直观,进而导致与客户沟通困难。

3. 色度检测法

色度学是 20 世纪 30 年代创立的,它是研究人的颜色视觉规律、颜色测量原理、颜色测量仪器及其应用的科学。色度检测的主要仪器为色度计和分光光度计。色度计使用模拟人眼视觉设计的滤色片测量各颜色分量值;分光光度计可以在整个可见光范围内测量窄频带光被吸收的比例,提供所测颜色的光谱反射数据,进而较为准确地计算出所测颜色的数值。色度检测法的主要优点是通过光谱测量可以正确定义表现颜色,测量结果与设备无关,计算精度高;主要缺点是色度测量仪器昂贵,并且对使用者要求高。

4. 基于机器视觉的在线检测法

近年来,高速 CCD 照相技术和高性能计算机得到了长足进步,并促进了机器视觉技术的发展,为实现印刷品在线质量检测提供了良好的硬件基础。现在,对于印刷品质量检测系统的研究与产品开发,国外已经推出了比较成熟的设备与系统,国内也在加速赶超,基于机器视觉的在线检测是当今印刷质量检测往自动化、智能化方向发展的主流。

印刷质量在线检测系统在国外出现时间较早,运用比较广泛同时技术也相对成熟,包括如下比较有代表性的设备系统:

(1)罗兰 Inline Inspector Eagle Eye 系统,通过安装在胶印机最后一个印刷色组上方的摄像头对印刷产品进行实时监控,检测内容包括偏色、墨斑、墨杠、套印、重影、刮痕等印刷缺陷,可以根据印刷产品质量要求在控制系统中对检测灵敏度和检测内容进行调节、控制,以实现不同印刷品的质量控制要求。

(2)德国 BST 公司推出的 SHARK 4000 印刷缺陷全检系统,该系统检测精度最高可达 $0.05mm^2$,同时可以根据印刷缺陷的种类对缺陷检测分类,通过选配集成的 Power Link 可实现 100% 印刷缺陷全检。该系统最大的特点是提出了人眼视觉特性的 ROI(感兴趣区域)检测概念,对 ROI 进行精确的缺陷检测,非 ROI 不检测或较大宽容度检测,这样既可以提高检测速度,也使检测结果符合人眼视觉特征,突显印刷质量检测的智能化。

(3)以色列 AVT 公司的 Print vision 9000 系统,该系统能够对偏色、拉毛、套印不准等缺陷进行自动检测并报警。

在国内,也有不少厂商开发出了基于机器视觉的印刷质量在线检测系统,如洛阳圣瑞机电技术有限公司、中国大恒(集团)有限公司北京图像视觉技术分公司、北京凌云光视数字图像技术有限公司、武汉三维光之洋电气有限公司、武汉华茂工业自动化有限公司、武汉华科喻德科技有限公司、厦门康润科技有限公司等。以洛阳圣瑞机电技术有限公司开发的 EE9200 印刷质量在线检测系统为例,其功能主要有以下两个方面:一是印刷缺陷检测,能够实时在线或离线检测印刷中出现的色彩偏差、套印偏差、裁切偏差、蹭脏、飞墨、污垢、漏印等印刷缺陷;二是可变信息质量检测,能够高速在线或离线识别与检测一维或二维条形码、中英文字符、数字等可变信息的印刷质量。

6.3　印刷质量控制

印刷质量控制技术的发展大致可概括为四个阶段:基于印刷机墨量的质量控制、基于彩色图像颜色属性的质量控制、基于数字化生产流程的质量控制、基于标准的印刷过程控制。

6.3.1　基于印刷机墨量的质量控制

早期的印刷生产墨量控制通过人工旋转印刷机墨斗螺钉调节墨斗开口控制下墨量大小,确保供墨量达到生产要求。这种调节螺钉方法过多依靠人力,工作效率及准确性低,无法保证快速准确地确定生产中的油墨用量。实现印刷机供墨量控制的自动化成为当时质量控制的核心和关注点。1972 年德国罗兰印刷机制造公司在印刷机上率先安装了计算机墨量控制系统,通过模拟数字电路方式实现印刷生产过程墨量供给的定量控制,标志着印刷墨量自动化控制的开始。随后,各大印刷机制造厂商纷纷开发自有专利的墨量控制系统,其中较为著名的有曼罗兰公司的 Inkline 自动供墨系统、海德堡公司的 CPC 给墨量和套准遥控装置、高宝公司的 Colortronic 墨量与润湿量设定系统和小森公司的 PAI 系统。

6.3.2　基于彩色图像颜色属性的质量控制

随着彩色图像印刷应用的普及和印刷生产的需求,确定图像印刷质量的评判标准、实现对印刷质量客观数字化的控制成为印刷业需要解决的问题。20 世纪 80 年代基于颜色的密度特征及印刷生产半色调图像合成与颜色密度的关系,印刷行业开始对彩色图像印刷密度进行测量和控制,逐步建立了彩色图像质量控制的照相蒙版法和模拟电子蒙版法,从分色技术及其控制突破实现彩色图像印刷的质量控制,实现了对印刷质量从定性向定量控制的转变,密度测量开始应用于印刷生产中。20世纪90年代初,随着信息采集手段的多样化和计算机在印前文件制作中的应用,基于彩色图像光谱特征的色度测量技术应用于印前分色,利用色差评价印刷产品的质量,并向软硬打样扩展,逐步建立起基于色度的图像印刷分色及质量控制技术。针对印刷行业颜色测量的市场需求,各大光学仪器厂商也开发了相应的光学测量仪器,从测量硬件方面推动了印刷质量控制数字化的实现,其中代表性的产品有美国爱色丽公司的500系列密度计、分光光度计等,这些仪器可以实现颜色密度、网点大小及网点叠印、颜色色度信息的测量。

6.3.3　基于数字化生产流程的质量控制

20世纪90年代中期,计算机直接制版技术在印前制版中得到应用,由于这种制版技术实现印前图文信息直接向印版转印,实现了数字化制版,同时印前生产流程的逐步数字化,使得在制版前图文信息更多地以数字形式存在,可对网点进行相应的修改,针对后期生产过程中出现的网点扩大较为严重及灰平衡控制不正确的问题,可通过修改数字文件中网点面积的大小解决,简化了对印刷调整的难度。同时,印刷生产的数字化生产流程开始得到广泛应用,印前生产各个环节之间的信息传递实现了全数字化,印前与印刷生产环节可通过PPF墨量控制文件实现对印刷油墨量的预设,使得印刷生产的效率进一步提升。

6.3.4　基于标准的印刷过程控制

2005—2010年,彩色图像印刷复制进入了精细化时期。国际大品牌用户不断提升的彩色图像质量需求以及印刷工业自身市场细分的需求共同推动了印刷质量标准的构建,形成印刷过程控制体系来满足高端企业和社会发展的日益增长的质量需求。例如,德国Fogra为满足宝马、西门子等大型企业对其印刷产品质量控制、检测的需求,经过长期的研究制定了一套相应的印刷质量评价标准。为满足印刷产品全球采购质量一致的要求,ISO下属印刷技术协会TC130组织基于Fogra的研究,制定了ISO12647系列印刷国际标准。根据此标准,西方印刷行业协会开始基于印刷过程控制的方法,通过整合印刷生产系统中与印刷质量相关的设备、材料和工艺,建立面向多种印刷输出设备的彩色图像印刷与再现控制体系,并开展全球性认证项目。如Fogra为德国印刷及媒体工业基金会(BVDM)开发了Process Standard Offset(PSO)印刷测试方法;GRACoL根据中性灰平衡控制原理按照 ISO 标准数据要求,经过对印刷过程的数理统计开发了 G7 印刷过程控制方法,并在美国国内推广应用。各大印刷服务商也针对印刷企业实施 ISO12647 标准中操作困难的问题,开发了相应的过程控制软件,例如海德堡的 Toolbox、GMG 公司的 Rapid Check、CGS 公司的 Oris Certified Press、Techkon 公司的 Expresso 等,可以帮助印刷企业快速评价印刷品是否达到质量标准并进行相应的补偿修改。国外长期的理论研究积累、印刷标准化设备与软件制造商的推动以及政府与印刷行业组织的协同,使得彩色图像印刷质量控制正在以先进印刷标准、精确测试手段和系统测试方法来促进印刷企业印刷生产的标准化,并通过印刷质量的过程控制来获得良好的效果,彩色印刷质量的过程控制方法正在兴起和完善,也正在成为印刷企业实施与应用的共识和提升企业竞争力的方法。

6.4　军用地图印刷产品质量评定

在军事测绘领域,依据相关标准与规范,对军用系列比例尺地形图、联合作战图、专题地图、地图集(册)等常用军用地图产品的印刷质量评定采用综合评价方法,基本过程包括质量检查、得分计算和等级评定三个环节。

6.4.1　军用地图印刷质量检查

采用仪器检测和人工检查相结合的方式进行军用地图印刷质量检查,其中仪器检测用于定量质量元素的检查,如几何精度、密度、灰雾度、网点等;人工检查用于印刷产品表观质量的检查。

在测绘行业标准《军用地图印刷产品质量评定》(CHB 4.18—2011)中,明确规定了需要检查的各项质量元素及质量子元素,并依据各质量(子)元素对最终产品质量的影响程度给出了量化的权重值(表 6-1)。其中前三项为定量质量元素,需用仪器检测;第四项(表观质量)需人工检查。

表 6-1　地图印刷成品质量元素

质量元素	权重	质量子元素	权重
几何精度	0.30	图廓精度	0.5(双面印品 0.4)
		套合精度	0.5(双面印品 0.4)
		正反面套合精度	0(双面印品 0.2)

质量元素	权重	质量子元素	权重
印刷墨色与灰雾度	0.30	实地密度与灰雾度	实地密度种类数为 n，每种实地密度的权重为 $1/(n+1)$；灰雾度的权重为 $1/(n+1)$
网点(线)变形量	0.20	网点百分比	网点种类数为 n，每种网点的权重为 $1/n$。
表观质量	0.20	图面质量	1(图集0.5)
		装帧质量	0(图集0.5)

6.4.2 军用地图印刷质量得分计算

以质量检查的结果为基础，利用相关公式分别计算定量质量(子)元素的得分和表观质量(子)元素的得分，进一步根据各质量(子)元素的得分和权重值计算得到该地图印刷产品的质量得分。

1. 定量质量(子)元素的得分

定量质量(子)元素通过对比检测值与标准值，用公式(6.1)计算该质量(子)元素得分 X_i：

$$X_i = \begin{cases} 100 - \left[3 \times \dfrac{|\delta|}{\alpha} \times 10\right], & |\delta| \leqslant 1/3\alpha \\ 100 - \left[\left(3 \times \dfrac{|\delta|}{\alpha} - 1\right) \times 15 + 10\right], & \dfrac{1}{3\alpha} < |\delta| \leqslant \alpha \\ 0, & |\delta| > \alpha \end{cases} \quad (6.1)$$

式中：δ 为质量参数检测结果与标准值误差(当 δ 有多项数据时，取最劣值；对于灰雾度，当 $\delta \leqslant 0$ 时，$\delta = 0$)；α 为允许最大误差。

各项质量(子)元素的标准值及允许的最大误差由印刷质量指标决定(表6-2)。以地形图中黑版实地密度为例，表6-2给出的质量指标为"黑：$D_v = 1.25 \pm 0.21$"，这表示黑版实地密度的标准值为1.25，允许最大误差为0.21，假设用密度仪检测所得的黑版实地密度为1.32，则 $\delta_v = 1.32 - 1.25 = 0.07$，$\alpha_v = 0.21$，将这两个值带入公式(6.1)可得黑版实地密度这一质量子元素的得分为 $X_{iv} = 100 - [3 \times |\delta|/\alpha \times 10] = 100 - [3 \times |0.07|/0.21 \times 10] = 90$。同样的方法可以计算出蓝、棕、绿另外三个色版的实地密度得分。

表6-2 军用地图印刷成品质量指标

质量元素	质量指标及限差							检测工具
	地形图(106#地图纸)	联合作战图(106#地图纸)	专题图(CMYK)胶版纸	专题图(CMYK)铜版纸	专题图(专色)胶版纸	专题图(专色)铜版纸	图集(册)	
几何精度	①印刷第一印色图廓实际尺寸与理论值之差≤0.4mm,以地物版为准,同向套合差≤0.3mm;②专题图(CMYK)叠印误差≤0.1mm;③单张图正反面套合差≤1mm,图集正反面套合差≤0.5mm							日内瓦尺;读数放大镜
实地密度与灰雾度 — 实地密度	黑:$D_v=1.25\pm0.21$ 蓝:$D_c=0.78\pm0.18$ 棕:$D_y=0.97\pm0.18$ 绿:$D_c=0.78\pm0.18$	黑:$D_v=1.25\pm0.21$ 蓝:$D_c=0.78\pm0.18$ 棕:$D_y=0.85\pm0.18$ 绿:$D_c=0.78\pm0.18$ 红:$D_m=1.00\pm0.15$ 紫:$D_m=0.95\pm0.15$	$1.20\le D_v\le1.50$ $1.25\le D_c\le1.50$ $1.15\le D_m\le1.40$ $0.80\le D_y\le1.05$	$1.40\le D_v\le1.70$ $1.30\le D_c\le1.55$ $1.25\le D_m\le1.50$ $0.85\le D_y\le1.10$	执行自定义指标	执行自定义指标	根据实际情况执行对应指标(图幅间:密度差≤0.2,网点值差≤5%)	反射密度仪
实地密度与灰雾度 — 灰雾度	$d=0.10$(标准值)$+0.09$(限差)	$d=0.08+0.04$	$d=0.10+0.09$	$d=0.08+0.04$				
网点扩大值	15%区域:24%±5% 25%区域:36%±7%	50%区域:68%±9%	50%区域:65%±6%	15%区域:24%±5% 25%区域:36%±7% 50%区域:65%±6%				
表观质量	图形完整;无错漏;墨色均匀;线划、注记、网点(线)光洁实在;无重影、杠子、虚断等现象;图面整洁,正反面无脏污;无破口、折角和翘皱						根据实际情况执行对应指标(装帧美观、牢固,无差错)	放大镜
特殊指标	地形图(106#地图纸)	联合作战图(106#地图纸)	专题图(CMYK)胶版纸	专题图(CMYK)铜版纸	专题图(专色)胶版纸	专题图(专色)铜版纸	图集(册)	放大镜

2. 表观质量(子)元素的得分

首先依据表观缺陷扣分指标(表 6 – 3)进行主观评分,再利用公式(6.2)计算表观质量子元素的得分 X_i:

$$X_i = \begin{cases} 100 - \sum\limits_{j=1}^{n} Y_j, & \sum\limits_{j=1}^{n} Y_j \leqslant 40 \\ 0, & \sum\limits_{j=1}^{n} Y_j > 40 \end{cases} \qquad (6.2)$$

式中:Y_j 为单项扣分值。

表 6 – 3   表观缺陷扣分指标

缺陷类型	严重缺陷	较重缺陷	一般缺陷
要素有错漏或图形不完整,纸张破损	每处扣 41 分	—	—
单幅或拼幅印色不均匀	—	每处扣 3 ~ 5 分	每处扣 1 ~ 2 分
重影、杠子、模糊、露白、虚断、脏污、折皱、划痕	每处扣 41 分	每处扣 3 ~ 5 分	每处扣 1 ~ 2 分
裁切误差	—	每处扣 3 ~ 5 分	每处扣 1 ~ 2 分
装帧页码错漏	每处扣 41 分	—	—
装帧折页误差	每处扣 41 分	每处扣 20 ~ 39 分	每处扣 5 ~ 19 分
装帧牢固程度不足	每处扣 41 分	每处扣 20 ~ 39 分	每处扣 5 ~ 19 分
装帧美观程度不足	—	每处扣 20 ~ 39 分	每处扣 5 ~ 19 分
注:一般缺陷指不需处理或经简单处理即可使用且不影响使用效果的缺陷;较重缺陷指经过仔细处理可以使用,对使用效果有轻微影响的缺陷;严重缺陷指无法处理或即使处理也严重影响使用效果的缺陷			

3. 印刷产品的质量得分

利用前面计算所得的各项质量子元素的分数,乘以各自的权重,求和即可得到地图印刷产品的最终质量分数 S,具体计算公式为

$$S = \begin{cases} \sum\limits_{i=1}^{m} X_i P_i, & X_i \geqslant 60 \\ 0, & X_i < 60 \end{cases} \qquad (6.3)$$

式中:X_i 为质量子元素得分;P_i 为质量子元素权重。

对于公式(6.3)有两点需要说明:①地图印刷品的质量得分实行一票否决制,即任何一项质量子元素 X_i 的得分低于 60 分,则该地图的质量得分为 0 分;②各个质量子元素的权重应由表 6 –1 中的两级权重相乘得到,如地形图的黑版实地密度这一质量子元素的权重应为 $0.30 \times (1/(4+1)) = 0.06$。

6.4.3　军用地图印刷质量等级评定

地形图、联合作战图以"幅"为评定单元;专题图以"套"为评定单元;地图集(册)以"集(册)"为评定单元。单元产品的质量等级基于质量得分 S 进行评定(表 6 –4)。批产品的质量根据抽查的单元产品质量评定结果确定,以优秀率和平均分表示。

表 6 –4　质量等级评定

质量得分	质量等级
90 分 $\leq S \leq$ 100 分	优秀
75 分 $\leq S <$ 90 分	良好
60 分 $\leq S <$ 75 分	合格
$S <$ 60 分	不合格

技能训练题

1. 影响印刷品质量评价的主要因素有哪些?
2. 印刷品质量的评价方法有哪些? 各有什么优缺点?
3. 印刷质量检测的主要内容有哪些? 各表示什么含义?
4. 常用的印刷质量检测方法有哪几种? 各有什么优缺点?
5. 军用地图产品的印刷质量评定采用什么方法?

参考文献

[1]王永宁.印刷概论[M].北京:化学工业出版社,2021.

[2]刘真,邢洁芳,邓术军.印刷概论[M].北京:印刷工业出版社,2008.

[3]周明,李文静.印刷工艺[M].北京:文化发展出版社,2019.

[4]陈虹,赵志强.印刷产业与企业发展[M].北京:文化发展出版社,2022.

[5]齐元胜.印刷数字化智能化技术研究与应用探索[M].北京:文化发展出版社,2023.

[6]曹从军,郑元林,李延雷,等.印刷工程导论[M].北京:中国轻工业出版社,2019.

[7]刘真,张建青,王晓红.数字印前原理与技术[M].北京:中国轻工业出版社,2016.

[8]赫尔穆特·基普汉.印刷媒体技术手册[M].谢普南,王强,译.广州:新世纪出版公司,2004.

[9]金杨,姜东升,吴莹,等.数字化印前处理原理与技术:第二版[M].北京:化学工业出版社,2016.

[10]张霞.印刷色彩管理[M].北京:中国轻工业出版社,2011.

[11]徐艳芳.色彩管理原理与应用[M].北京:文化发展出版社,2011.

[12]陈啸谷,黎阳晖,高晶,等.色彩管理实用手册[M].北京:印刷工业出版社,2012.

[13]高波.印后加工技术[M].北京:中国轻工业出版社,2013.

[14]郝景江,刘其红.平版印刷工(上册)[M].北京:印刷工业出版社,2013.

[15]宋协祝,陈世军,易平贵,等.平版印刷工(中册)[M].北京:文化发展出版社,2010.

[16]陈虹,李永强.平版印刷工(下册)[M].北京:文化发展出版社,2015.

[17]郑元林.印刷质量与标准化[M].北京:化学工业出版社,2018.

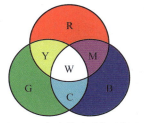 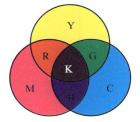

图 4 – 3 色光等量混合示意图   图 4 – 4 色料等量混合示意图

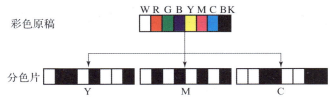

图 4 – 26 照相分色原理

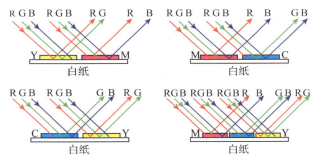

图 4 – 28 网点并列呈色

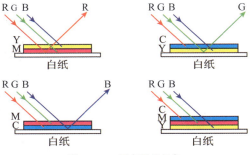

图 4 – 29 网点重叠呈色

彩4

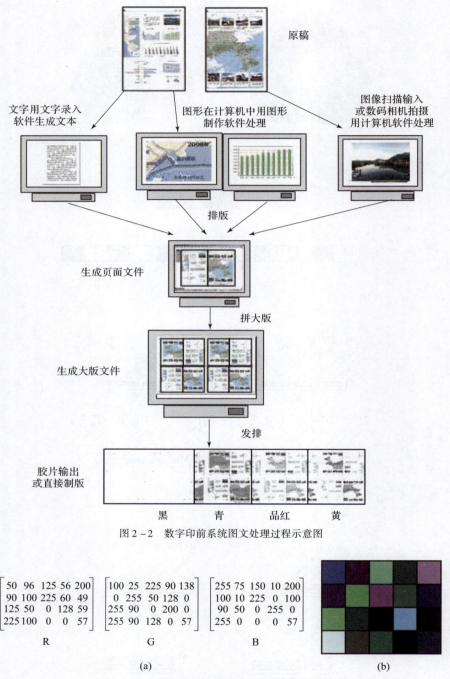

图 2 – 2　数字印前系统图文处理过程示意图

$$\begin{bmatrix} 50 & 96 & 125 & 56 & 200 \\ 90 & 100 & 225 & 60 & 49 \\ 125 & 50 & 0 & 128 & 59 \\ 225 & 100 & 0 & 0 & 57 \end{bmatrix}$$
R

$$\begin{bmatrix} 100 & 25 & 225 & 90 & 138 \\ 0 & 255 & 50 & 128 & 0 \\ 255 & 90 & 0 & 200 & 0 \\ 255 & 90 & 128 & 0 & 57 \end{bmatrix}$$
G

$$\begin{bmatrix} 255 & 75 & 150 & 10 & 200 \\ 100 & 10 & 225 & 0 & 100 \\ 90 & 50 & 0 & 255 & 0 \\ 255 & 0 & 0 & 0 & 57 \end{bmatrix}$$
B

(a)　　　　　　　　　　　　　　　　　　　　　　(b)

图 2 – 23　图像中的像素集及其对应的彩色像素矩阵

(a) 像素的 R、G、B 矩阵；(b) 数字图像的像素集。

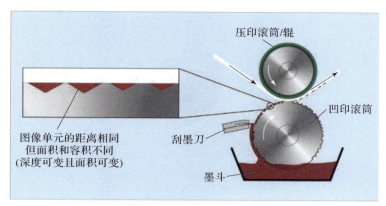

图 1-6 凹版印刷

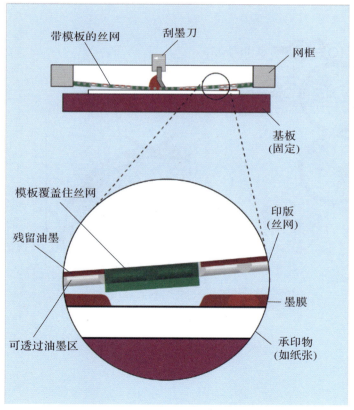

图 1-7 孔版印刷

彩 2

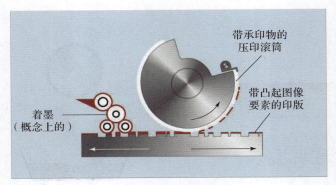

图 1 - 4　凸版印刷

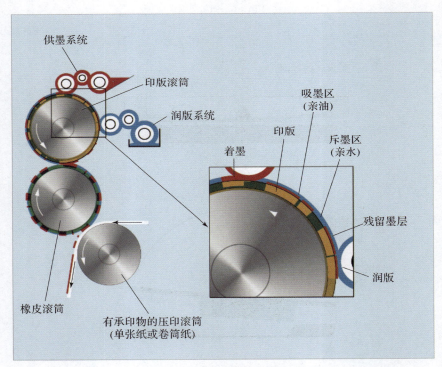

图 1 - 5　平版印刷（胶印）